윌머트가 들려주는 복제 이야기

ⓒ 황신영, 2010

초　판　1쇄 발행일 | 2005년 7월 29일
개정판　1쇄 발행일 | 2010년 9월 1일
개정판 14쇄 발행일 | 2021년 5월 31일

지은이 | 황신영
펴낸이 | 정은영
펴낸곳 | (주)자음과모음

출판등록 | 2001년 11월 28일 제2001-000259호
주　　　소 | 04047 서울시 마포구 양화로6길 49
전　　　화 | 편집부 (02)324-2347, 경영지원부 (02)325-6047
팩　　　스 | 편집부 (02)324-2348, 경영지원부 (02)2648-1311
e-mail　 | jamoteen@jamobook.com

ISBN 978-89-544-2035-8 (44400)

윌머트가 들려주는
복제 이야기

| 황신영 지음 |

|주|자음과모음

월머트를 꿈꾸는 청소년을 위한
'복제' 이야기

여러분은 복제 인간을 다룬 공상 과학 소설이나 공상 과학 영화를 본 적이 있을 것입니다. 예전에는 단지 영화나 소설의 소재라고 생각했던 복제가 과학 기술의 발달로 어느덧 실현 가능한 일이 되었습니다.

더구나 현재는 인간 복제에 대한 이야기도 심심치 않게 나오고 있습니다. 이와 더불어 복제를 찬성하는 사람들과 반대하는 사람들의 논쟁도 점점 거세지고 있는 형편입니다. 하지만 복제는 어떤 방법으로 하는 것인지, 복제 연구를 통해 얻는 좋은 점은 무엇인지, 반대하는 사람들은 왜 반대를 하는 것인지 정확하게 알고 있는 사람들은 드뭅니다.

이 책은 세계 최초로 복제양 돌리를 만든 이언 월머트 박사가 9일 간의 수업을 통해 여러분과 복제에 관한 모든 것을 공부하는 내용으로 구성되어 있습니다. 그동안 복제에 관해 연구했던 과학자들의 연구 내용을 살펴보면서, 현재의 복제 기술로 할 수 있는 일과 할 수 없는 일, 그리고 복제 기술의 발달로 복제 인간이 나타나게 된다면 어떤 문제점이 있을 수 있는지 생각해 보는 계기가 되었으면 합니다.

흔히 21세기를 생명 공학의 시대라고 합니다. 저는 이 책을 통해 우리나라의 청소년들이 생명의 신비에 관심을 가지고, 주변에서 일어나는 일에 '왜 그럴까?'라는 호기심을 가질 수 있기를 바랍니다. 더불어 미래의 생명 과학 분야의 노벨상을 탈 수 있는 훌륭한 과학자가 여러분 중에서 나왔으면 좋겠습니다.

끝으로, 좋은 책을 쓸 수 있도록 도와준 후배 진주에게도 감사의 마음을 전합니다. 또한 이 책을 출간할 수 있도록 도와준 (주)자음과모음의 강병철 사장님과 기획실, 편집부 관계자 여러분께 깊은 감사를 드립니다.

황 신 영

차례

1

복제가 뭐죠?

복제의 뜻이 무엇일까요?
우리 주위에도 복제된 것이 많이 있답니다.

1

복제가 뭐죠?

월머트가 '복제'의 뜻을 설명하며
첫 번째 수업을 시작했다.

　여러분은 복제 인간이 나오는 공상 과학 영화나 소설을 본 적이 있을 것입니다. 예전에는 소설과 영화에서나 실현 가능한 이야기라고 생각했지만, 과학 기술이 발전한 오늘날에는 반드시 꿈 같은 이야기만은 아닙니다.

　여러분은 복제의 뜻을 정확하게 알고 있나요? 복제란 말은 생물학에서뿐만 아니라 일상생활에서도 많이 쓰이고 있습니다. 예를 들어 '불법 비디오테이프 복제', '불법 시디 복제' 등의 기사가 종종 신문에 나지요. 여기서 복제란 본디의 것과 똑같은 것을 만들어 내는 것을 말합니다. 비디오테이프나 콤

팩트디스크 같은 물건은 복제하기가 쉽습니다. 원본 비디오테이프나 콤팩트디스크를 기계 장치에 넣고, 새 비디오테이프와 콤팩트디스크에 원래의 정보를 그대로 담으면 되니까요.

생물학에서 사용되는 복제의 뜻도 이와 비슷합니다. 생물학에서 복제는 살아 있는 생물의 정보를 그대로 옮겨 새로운 생명체를 만드는 것을 의미합니다. 우리는 이렇게 복제된 생물을 영어로 'clone'이라고 쓰고, 클론이라고 부르지요.

그런데 문제는 클론을 만드는 것이 무생물을 복제하는 것과는 비교도 안 될 정도로 어렵다는 데에 있습니다. 복제에서 가장 중요한 것은 원래의 정보를 그대로 옮겨야 한다는 점입니다.

그럼, 생물의 모든 정보가 담겨 있는 곳은 어디일까요?

학생들은 아무도 대답하지 못하였다.

이런, 처음부터 너무 어려운 질문을 했나요? 그럼 쉬운 질문으로 시작해 볼게요. 생물의 몸은 무엇으로 구성되어 있나요?

__ 생물의 몸은 세포로 구성되어 있습니다.

네, 맞아요. 생물의 몸은 세포로 구성되어 있습니다. 그렇다면 생물을 복제한다는 것은 세포를 만들어 내야 한다는 의미로군요. 그런데 아까 말했던 생물의 모든 정보가 담겨 있는 곳은 바로 세포 안에 있습니다. 그 부분을 핵이라고 하지요. 핵 안을 들여다보면 염색체가 들어 있습니다. 염색체는 막대기 모양을 하고 있답니다. 염색체의 수와 모양은 생물의 종류마다 다른데, 사람의 경우에는 46개의 염색체를 가지고 있습니다.

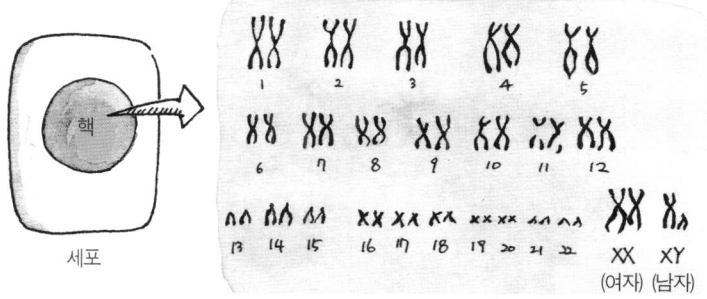

세포

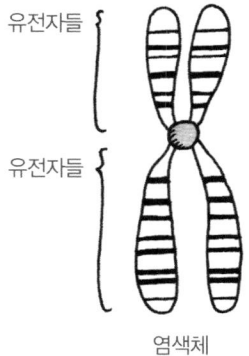

유전자들

유전자들

염색체

염색체 안에는 유전자가 들어 있습니다. 이 유전자가 실제로 우리 몸의 모든 정보를 가지고 있는 것이지요. 유전자는 우리 몸의 모든 부분을 구성하는 정보를 가지고 있습니다. 지금까지 밝혀진 것에 의하면 사람의 유전자 수는 약 3만~5만 개라고 합니다. 일란성 쌍둥이를 제외하고는, 지구상의 수많은 사람들 중에 나와 같은 모습의 사람이 없다는 것은 사람마다 가지고 있는 유전자가 모두 다르다는 것을 의미합니다.

어떤 생물의 클론을 만들기 위해서는 그 생물이 가진 유전자를 모두 복제해야 한다는 말인데, 일일이 유전자를 새로 만들 수는 없겠지요. 그래서 과학자들이 생각한 것이 유전 정보가 담긴 핵을 이용하는 것이었습니다. 이론적으로 그 생물의 세포에서 유전 정보가 담긴 핵을 빼내어 새로운 생물을 만들면 클론이 될 수 있습니다. 물론 말처럼 쉬운 작업은 아닙니다. 많은 과학자들이 복제를 연구했지만 성공하기는 쉽지 않았지요.

　자, 그렇다면 클론은 언제부터 있었을까요? 내 이야기를 들어 보면 과학 기술이 발달한 최근에서야 만들어지기 시작한 것 같지요? 그건 아니랍니다. 인공적인 클론은 물론 최근의 일이지만, 클론은 지구상에 생명체가 나타난 이후에 계속 존재했고, 또 인간 클론도 있답니다. 믿을 수 없다고요?

　여러분은 세포 하나로 이루어진 생물이 있다는 것을 알고 있나요? 대부분의 생물은 수많은 세포들로 이루어진 다세포 생물입니다. 하지만 아메바, 짚신벌레, 세균 같은 생물들은 하나의 세포로 이루어진 단세포 생물입니다. 동물들이 자손을 남기는 방법은 대개 정자와 난자가 만나 수정이 이루어지

는 것입니다. 그러나 단세포 생물의 경우는 조금 다릅니다.

아메바를 예로 들어 보지요. 아메바는 세포 하나로 이루어진 생물이라고 했지요? 그렇다면 핵도 하나만 가지고 있겠군요. 아메바는 어느 정도 자라면 핵이 둘로 나뉘고 몸도 둘로 나뉩니다. 핵이 둘로 나누어지기 전에 핵 안의 유전 정보를 똑같이 하나 더 만들어 새로 만들어진 핵에 채웁니다. 따라서 새로 생긴 두 아메바는 똑같은 유전 정보를 가지고 있는 클론인 셈이지요. 이렇게 단세포 생물은 자신의 몸을 둘로 나누는 방법으로 번식하는데, 이러한 방법을 이분법이라고 합니다. 이 방법은 항상 자신의 유전 정보를 똑같이 가진 자손을 만들어 냅니다.

그렇다면 사람은 어떨까요? 사람이 이분법으로 번식하는 것도 아닌데 어떻게 클론이 있을까요? 눈치가 빠른 사람은 내가 아까 말했던 내용에서 힌트를 얻어 답을 맞출 수 있을 것입니다.

똑같이 생긴 사람들을 무엇이라고 부르나요?

—쌍둥이입니다.

네, 좀 더 정확하게 말하면 일란성 쌍둥이를 의미합니다. 쌍둥이라고 모두 생김새가 같은 것은 아닙니다. 어떤 경우 전혀 닮지 않기도 하고, 남녀 쌍둥이가 태어나기도 합니다. 이런 경우는 이란성 쌍둥이입니다. 일란성 쌍둥이와 이란성 쌍둥이가 성별과 생김새가 다른 이유는 만들어지는 방법이 다르기 때문입니다.

먼저 일란성 쌍둥이가 생기는 과정을 살펴봅시다.

엄마에게서 나온 난자와 아빠에게서 나온 정자가 만나면 수정란이 됩니다. 이 수정란은 엄마의 자궁 안에서 자라게 되는데, 처음에 1개의 세포였던 수정란이 시간이 지나면서 계속 붙어 있으면서 점점 많은 수의 세포로 나뉘게 됩니다.

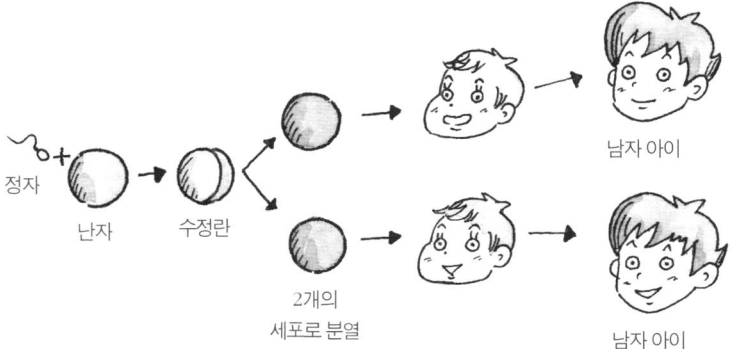

정자 / 난자 / 수정란 / 2개의 세포로 분열 / 남자 아이 / 남자 아이

　　1개의 세포가 나뉘면 2개의 세포가 되는데, 원래는 붙어 있어야 할 세포들이 떨어지게 되는 경우가 생깁니다. 이런 경우에 2개의 세포가 각각 아기로 자라게 됩니다. 이 경우 두 세포 모두 같은 유전 정보를 가지고 있기 때문에 성별이나 생김새가 똑같은 아기가 태어나게 됩니다.

　　이란성 쌍둥이가 태어나는 과정은 조금 다릅니다. 원래는 엄마에게서 한 달에 1개의 난자가 나오는데, 어떤 경우 2개의 난자가 나오는 경우가 있습니다. 이런 경우 2개의 난자와 2개의 정자가 각각 수정이 되어 2개의 수정란이 됩니다. 이 2개의 수정란은 모두 다른 유전 정보를 가지게 됩니다. 따라서 태어난 아기는 성별이 같을 수도 다를 수도 있고, 생김새도 전혀 다릅니다. 같이 태어나서 그렇지 사실은 따로 태어난 형제자매와 마찬가지랍니다.

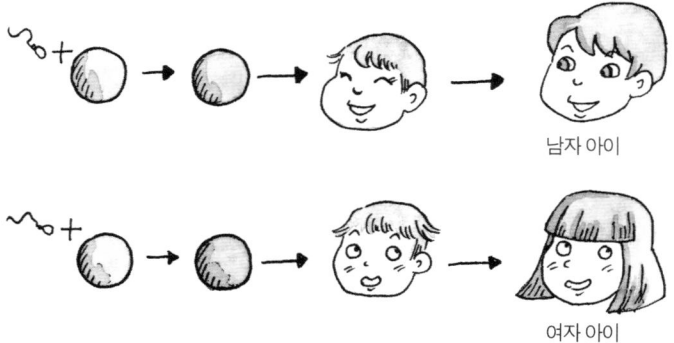

남자 아이

여자 아이

과학자의 비밀노트

클론(clone)

• 클론은 생물의 유전 정보를 그대로 복제한 것을 뜻하고, 따라서 생물을 복제하기 위해서는 유전 정보를 그대로 옮기는 기술이 필요하다.

• 이분법으로 번식하는 단세포 생물, 일란성 쌍둥이도 클론이다.

만화로 본문 읽기

월머트 선생님, 안녕하세요? 그런데 무슨 일로 오라고 하신 건가요?

연구소

아, 철수 군 왔군요. 철수 군에게 소개시켜 줄 사람이 있어요. 자, 나와요.

안녕, 철수야! 나도 철수야. 나의 원본을 보니 감회가 새로운데!

으악, 뭐…뭐야? 나랑 똑같잖아!

하하하, 놀라지 말아요. 이 철수는 바로 철수 군의 복제 인간이니까. 친절하게 대해주도록 해요.

여…영화 같은 데서 보긴 했지만 진짜로 보니 정말 놀랍네요. 그런데 복제 인간이란 게 대체 뭐죠?

후후, 그건 내가 설명해 줄게. 우선 복제란 말부터 의미를 잘 알고 있는지 모르겠네.

복제란 말은 생물학에서뿐만 아니라 일상생활에서도 많이 쓰이고 있지? 불법 비디오테이프 복제, 불법 CD 복제 등과 같은 말을 많이 들어봤을 거야. 여기서 복제란 본디의 것과 똑같은 것을 만들어 내는 것을 말해.

그 정도는 나도 알아.

생물학에서 사용되는 복제의 뜻도 비슷해요. 생물학에서 복제는 살아 있는 생물의 정보를 그대로 옮겨 새로운 생명체를 만드는 것을 의미하죠. 그리고 이렇게 복제된 생물을 영어로 클론(clone)이라고 하지요.

그래, 내가 바로 클론이지.

그렇다면 복제란 나의 정보를 그대로 옮겨야 한다는 건데, 왠지 저 복제 인간은 나보다 훨씬 건방진 것 같아요.

무슨 소리? 너도 만만치 않거든!

하하하, 자~자, 그만하고 복제에 관해 더 얘기해 보도록 하죠.

2

식물도 복제가 되나요?

식물은 여러분도 쉽게 복제할 수 있답니다.
식물 복제를 해 볼까요?

2

식물도 복제가 되나요?

윌머트가
지난 시간에 배운 내용을 이야기하며
두 번째 수업을 시작했다.

지난 시간에는 복제의 뜻과 자연적으로 존재하는 클론에는 어떤 것이 있는지 알아보았습니다. 그런데 동물에 관한 이야기만 나왔지요. 식물은 복제할 수 없는 것일까요?

그렇지는 않답니다. 오히려 식물 복제는 더 간단하고 여러분도 충분히 할 수 있습니다. 오늘은 식물의 복제에 대해 알아봅시다.

식물 복제의 역사는 오래전으로 거슬러 올라갑니다. 아주 오래전에 살았던 사람들이 야생의 동물을 가축으로 기르고 여러 종류의 농작물을 재배하기 시작하면서, 어떻게 하면 더

좋은 특징을 가진 가축이나 식물을 만들어 낼 수 있을까 고민했답니다. 농작물에 있어서 좋은 특징이란 잘 자라고 많은 열매가 열리는 것을 의미하지요. 또, 시간이 지나 사람들이 관상용으로 식물을 키우게 되면서 어떻게 하면 더 아름다운 꽃을 피우는 식물을 얻을 수 있을까 고민하게 되었지요.

그래서 농부들은 우수한 특징을 가진 식물끼리 교배시켜 더욱더 질이 좋은 식물을 얻게 되었답니다. 이것을 품종 개량이라고 하지요. 그런데 품종 개량만으로는 한계가 있었습니다.

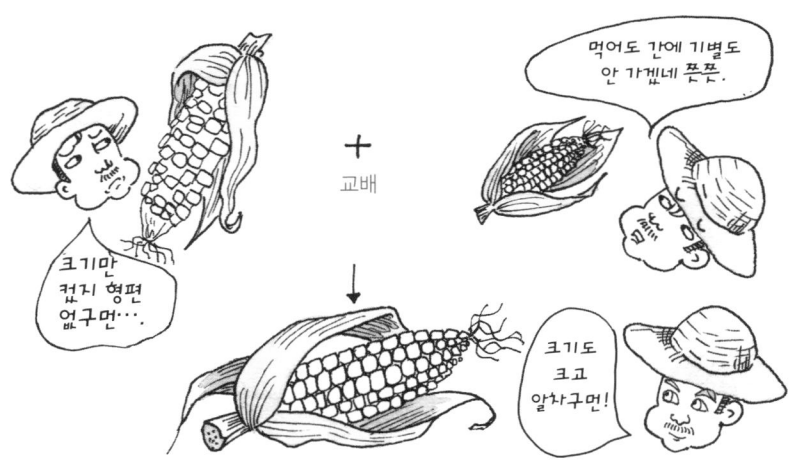

꽃이 피는 식물들은 어떻게 번식하나요?

__수술에서 만들어진 꽃가루가 암술의 밑씨와 만나 수정

이 일어납니다.

좀 더 자세히 설명하면, 꽃가루는 하나의 화분관핵과 2개의 정핵으로 나뉘는데 정핵이 동물의 정자에 해당합니다. 정핵 중 하나는 밑씨 안에 있는 난세포(동물의 난자에 해당)와 만나 수정이 일어나고 후에 배가 됩니다. 나머지 하나의 정핵은 밑씨 안의 극핵과 만나 나중에 어린 식물이 될 배에 영양을 공급해 주는 배젖이 됩니다.

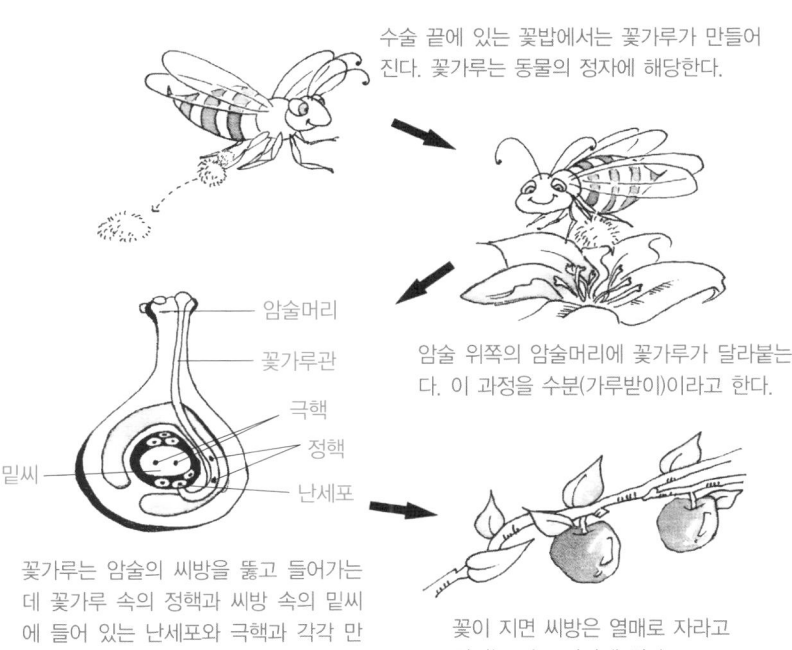

수술 끝에 있는 꽃밥에서는 꽃가루가 만들어진다. 꽃가루는 동물의 정자에 해당한다.

암술 위쪽의 암술머리에 꽃가루가 달라붙는다. 이 과정을 수분(가루받이)이라고 한다.

암술머리
꽃가루관
극핵
정핵
밑씨
난세포

꽃가루는 암술의 씨방을 뚫고 들어가는데 꽃가루 속의 정핵과 씨방 속의 밑씨에 들어 있는 난세포와 극핵과 각각 만난다. 이것을 중복 수정이라고 한다. 밑씨는 동물의 난자에 해당한다.

꽃이 지면 씨방은 열매로 자라고 밑씨는 씨로 자라게 된다.

　문제는 아무리 우수한 특징을 가진 식물이라고 해도 자손은 어버이의 훌륭한 특징을 물려받지 않을 수도 있다는 점입니다. 마치 사람의 경우에 있어 부모와 닮지 않은 자식이 나올 수 있듯이 말이지요. 농부들이 아무리 훌륭한 품종을 만들어 낸다 하더라도 씨로 번식하는 방법으로는 자손들이 모두 그 특징을 가지지 않을 수도 있다는 것이 문제입니다.

　예를 들어 사과 중에서도 달고 맛있는 것이 있는가 하면, 푸석푸석하고 맛이 없는 것이 있습니다. 이런 경우 달고 맛있는 사과가 훨씬 비싼 값으로 팔리겠지요. 어떤 과수원에 있는 사과나무에서 달고 맛있는 사과가 열린다고 해서 그 사과의 씨를 심었을 때 그 씨에서 자란 사과나무가 반드시 원래의 달고 맛있는 사과가 열리는 나무가 된다는 보장은 없습니다.

　만일 여러분이 과수원의 주인이라면 어떻게 하겠어요? 우리가 어제 배운 내용을 생각해 보면 답을 알 수 있답니다.

　─음, 사과나무의 클론을 만들면 될 것 같아요. 클론은 똑같은 유전 형질을 갖고 있는 것이니까, 클론만 만들 수 있다면 계속해서 달고 맛있는 사과를 얻을 수 있을 것 같습니다.

　네, 맞아요. 모두들 훌륭한 농부가 될 수 있을 것 같네요.

　식물의 클론을 만드는 방법은 간단하답니다. 식물의 일부분을 잘라 새로 심으면 원래의 식물로 자랄 수 있습니다.

　이처럼 씨로 번식하지 않고 식물의 일부분으로 번식하는 방법을 영양 생식이라고 합니다. 영양 생식의 장점은 다음과 같습니다.

　첫째, 우수한 형질을 가진 식물을 많이 만들 수 있다.
　둘째, 식물이 자라는 시간을 줄일 수 있다.
　셋째, 씨로 번식하지 못하는 식물을 번식시킬 수 있다.

이제 여러분도 간단하게 식물을 복제할 수 있습니다.

준비물 : 선인장, 화분, 모래, 칼, 물, 모종삽

① 손조심!!
2개의 선인장이 붙어 있는 부분을 칼로 조심스럽게 자른다.

② 화분에 굵은 모래를 담는다.

③ 물 좀 줘 봐~
자른 선인장을 화분에 심고, 물을 아주 조금 준다.

여러 날이 지나면 새로 심은 선인장은 뿌리가 나면서 새로운 식물로 자라게 됩니다. 이 선인장은 원래의 선인장과 유전 정보가 같은 클론 선인장입니다. 여러분은 하나의 클론을 만들어 낸 생명 공학자가 되었습니다.

난 원본 선인장!

내가 원조!

난 복제 선인장!

이 외에 다른 식물을 이용해서 만들어 볼 수 있습니다. 가지를 잘라 심어도 되고, 잎을 잘라 심어도 됩니다. 다만 아무 식물이나 다 되는 것은 아니랍니다.

위의 방법은 식물의 몸의 일부를 잘라 클론을 만드는 것입니다. 사실 하등 동물의 경우에도 이런 방법으로 클론을 만들 수 있습니다. 이것도 여러분이 할 수 있습니다.

플라나리아라는 동물을 알고 있나요? 여름철에 맑고 깨끗한 물이 흐르는 계곡에 가면 플라나리아를 볼 수 있습니다. 플라나리아는 작고 검은색 또는 갈색을 띤 납작한 동물입니다. 삼각형의 머리와 길쭉한 몸을 가지고 있지요. 플라나리아는 빛을 싫어해서 계곡의 돌 밑에 붙어 있습니다.

계곡에 놀러가서 플라나리아를 채집해 보세요. 플라나리아의 몸은 연하므로 그림을 그릴 때 쓰는 붓을 이용해 쓸 듯이

담으면 된답니다. 깨끗한 계곡물도 같이 떠오고요. 플라나리아를 키우려면 계란을 삶고, 노른자를 으깨서 먹이로 주면 된답니다.

이제 똑같은 플라나리아를 만들어 볼 차례네요. 얇은 면도칼 하나만 있으면 된답니다.

① 먼저 플라나리아를 세로로 자른다. 자를 때 조심할 것은 깨끗하고 예리한 면도칼로 한번에 잘라야 한다는 것이다. 그렇지 않으면 플라나리아가 재생되지 않는다.

② 다른 플라나리아 1마리를 꺼내어 이번에는 가로로 자른다.

③ 플라나리아를 원래 살고 있던 계곡 물에 넣고, 먹이는 주지 않는다. 물이 더러워지면 재생이 안 되기 때문이다.

④ 일주일 정도 지난 후 살펴본다.

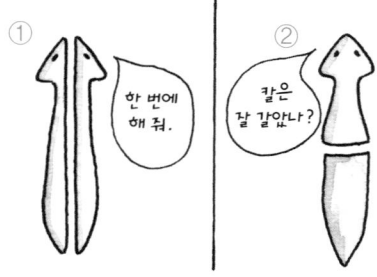

플라나리아를 잘 잘라 주고, 물만 깨끗하다면 일주일 후에는 플라나리아 조각들이 각각 한 마리의 플라나리아가 된 것을 볼 수 있습니다. 세로로 자른 플라나리아는 없어진 반쪽이 새로 생겨 새로운 플라나리아가 되고, 가로로 자른 플라나리아는 작은 조각의 새로운 플라나리아가 된답니다.

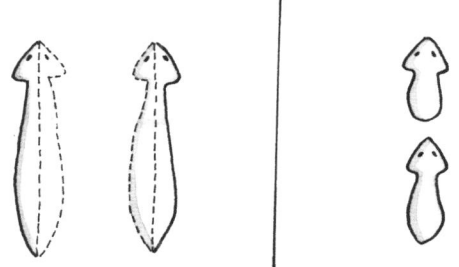

플라나리아를 여러 조각으로 잘라도 각각 작은 플라나리아가 되고, 머리 부분만 자르면 머리가 둘인 플라나리아도 만들 수 있습니다.

　이렇게 플라나리아와 같은 하등 동물은 식물과 마찬가지로 몸의 일부만 가지고도 완전한 모습을 갖출 수 있습니다.

　척추동물 중에서도 도마뱀 같은 동물들은 꼬리의 일부가 잘려도 새로운 꼬리가 만들어집니다. 이러한 것을 재생이라고 합니다. 그러나 몸통이나 머리가 잘린다면, 죽고 맙니다. 또, 도마뱀보다 더 고등한 동물일 경우에는 몸의 일부가 잘려도 더 이상 재생이 되지 않습니다. 이를 보면 고등한 동물일수록 복제가 더 어렵다는 것을 알 수 있습니다. 왜 그럴까요?

　세포는 각각 하는 일이 정해져 있습니다. 한번 할 일이 정해지면 다른 일을 하지 못합니다. 그런데 식물의 세포는 조금 다릅니다. 필요한 경우에 원래의 세포와는 다른 세포를

꼬리쯤이야.
금방 만들 수 있는 걸.

만들 수 있습니다. 따라서 잎이나 줄기만 가지고도 하나의
완전한 식물을 만들 수 있는 것이지요.

하지만 동물의 경우는 다릅니다. 피부 세포나 간세포 같이
세포 수준에서 재생이 일어나는 경우는 있지만, 대부분의 세
포는 한번 망가지면 재생이 되지 않습니다. 따라서 심장이나
신장 등이 고장나게 되면 원래 상태로 만들 수 없는 것이지요.

과학자의 비밀노트

식물과 동물의 재생

- 식물의 경우에는 몸의 일부를 가지고 클론을 만들 수 있다.
- 하등 동물의 경우에는 재생이 가능하지만, 고등 동물인 경우에는 재생
  이 어렵다.

선생님, 이 화초를 보니까 생각난 건데요, 식물도 복제가 되나요?

그럼 물론이지. 오히려 식물의 클론을 만드는 방법은 동물에 비하면 훨씬 간단해.

너한테 안 물어 봤어!

하하, 그만 다퉈요. 옛날부터 사람들은 농작물을 재배하면서 더 좋은 품종을 만들기 위해 우수한 품종끼리 교배시켜 더욱 질 좋은 농작물을 얻을 수 있었답니다. 이것을 품종 개량이라고 하지요.

하지만 아무리 우수한 품종이라고 해도 자손은 어버이의 훌륭한 특징을 물려받지 않을 수도 있다는 단점이 있어. 즉, 씨로 번식하는 방법으로는 자손들이 모두 그 특징을 닮지 않을 수도 있다는 것이지.

흥! 계속 잘난 척이네.

예를 들어 맛있는 사과의 씨를 심었다고 생각해 봐. 그 씨에서 자란 사과나무에 원래의 맛있는 사과가 열린다는 보장은 없어. 너희 부모님이 공부를 잘했어도 넌 그렇지 못한 것처럼 말이야.

뭐? 너 진짜!

후후, 농담이야.

쳇!

그래요. 복제 철수 군의 말처럼 그런 문제점을 극복하기 위해 클론을 만든다면 똑같은 유전 형질을 갖고 있는 것이니까 계속해서 맛있는 사과를 얻을 수 있겠죠?

그런데 식물의 클론을 만드는 방법은 의외로 간단하답니다. 식물의 일부분을 잘라 새로 심으면 원래의 식물로 자랄 수 있어요. 이 방법을 영양 생식이라고 하죠.

생각보다 간단하네요.

3

발생에 관한 의문

하나의 수정란이 어떻게 완전한 동물로 자라는 것일까요?

3

발생에 관한 의문

월머트가
발생학의 기원에 대한 이야기로
세 번째 수업을 시작했다.

　　고대 그리스 시대 이래로 철학자들과 과학자들은 사람을
비롯한 모든 동물이 어떻게 태어나는 것인지 궁금해했습니
다. 아리스토텔레스는 직접 달걀을 깨뜨려 가면서 알에서 병
아리가 되는 모습을 관찰하기도 하였지만, 이런 방법으로 연
구하는 데에는 한계가 있었지요.

　　발생에 관해 제대로 연구하게 된 때는 19세기 말이었답니
다. 그 당시의 과학자들은 이미 모든 동물은 정자와 난자가
만나 새로운 생명으로 자라게 된다는 것은 알고 있었답니다.
이때는 다음과 같은 문제를 가지고 고민하게 되었지요.

하나의 세포인 수정란에서 어떻게 완전한 동물이 생기는가?

난자와 정자가 수정되어 다 자란 동물이 되는 과정을 발생이라고 하며, 이것을 연구하는 학문을 발생학이라고 합니다. 과학자들은 여러 동물을 대상으로 연구해 보고 싶었지만 포유류의 배 발생은 연구할 수 없었답니다. 왜 그랬을까요?

포유류의 번식 방법을 생각해 보세요. 사람을 포함한 포유류는 정자와 난자가 수정되는 과정이 몸속에서 일어나는 체내 수정을 합니다. 배 속에서 일어나는 현상을 관찰하는 것은 어렵겠지요? 또한, 포유류의 난자는 매우 작아 눈으로는 관찰할 수 없습니다.

이런 이유로 인해 과학자들은 연구 대상을 개구리, 두꺼비, 도롱뇽과 같은 양서류로 한정했답니다. 양서류는 정자와 난자가 수정되는 과정이 몸 밖에서 일어나는 체외 수정을 합니다.

개구리 알로 발생을 연구하면 어떤 장점이 있을까요?

__ 눈에 보이니까 관찰하기 쉬워요.

__ 수가 많아서 연구하기 편리해요.

__ 채집하기도 쉽고 기르기도 쉬워요.

네, 잘 알고 있군요. 개구리는 한번에 많은 알을 낳습니다. 또, 개구리 알은 지름이 2mm 정도이기 때문에 맨눈으로 관찰하기도 쉽고, 기르기도 쉽습니다. 그래서 과학자들은 개구리 알을 채집하여 실험실에서 길러 보았습니다.

처음에 개구리 알은 둥근 공 모양이었다가 시간이 지나니 2개로, 4개로, 8개로 나뉘다가 아주 작은 세포들로 나뉜 모습이 되었습니다. 이 모습에서 머리, 꼬리 등의 형태를 갖추기

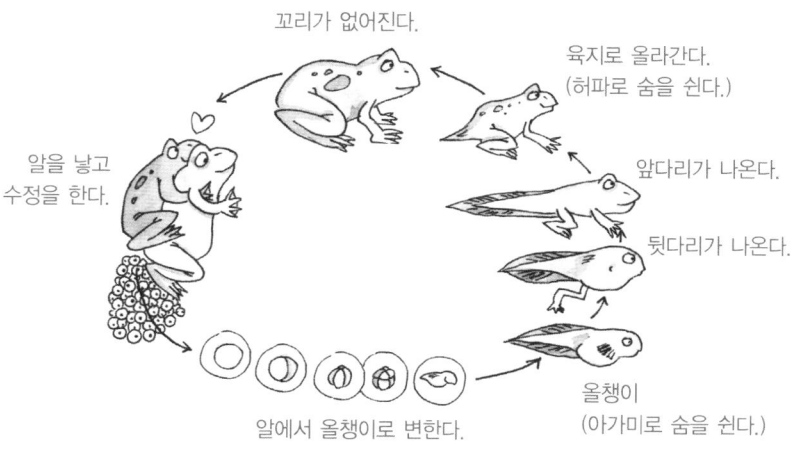

꼬리가 없어진다.

육지로 올라간다.
(허파로 숨을 쉰다.)

앞다리가 나온다.

뒷다리가 나온다.

알을 낳고
수정을 한다.

올챙이
(아가미로 숨을 쉰다.)

알에서 올챙이로 변한다.

시작하더니 올챙이가 되고, 뒷다리가 나오고, 앞다리가 나오고, 꼬리가 짧아지면서 개구리로 변하는 것을 관찰할 수 있었답니다.

개구리 알을 관찰한 결과 수정란은 계속 작은 세포들로 나뉘다가 점차 형태를 갖추어 올챙이가 되고, 개구리로 변하는 것을 알 수 있었습니다.

이제 학자들의 관심은 수정란에서 나뉜 각각의 작은 세포들이 어떻게 몸의 각 부분을 이루는가로 옮겨 갔습니다. 19세기의 유명한 과학자, 바이스만(August Weismann, 1834~1914)은 세포의 유전 정보가 세포가 나뉠 때 자꾸 줄어들게 된다고 생각했습니다. 예를 들어, 개구리 알이 2개로 나뉘었을 때는 오른쪽 세포는 몸의 오른쪽을 만들고, 왼쪽 세포는 몸의 왼쪽을 만들게 되고, 4개의 세포로 나뉠 때는 각각 몸의 $\frac{1}{4}$을 구성하는 데 필요한 유전 정보가 들어가게 될 것이라고요. 그렇게 세포들이 나뉘다 보면 심장의 유전 정보를 가진 세포는 심장이

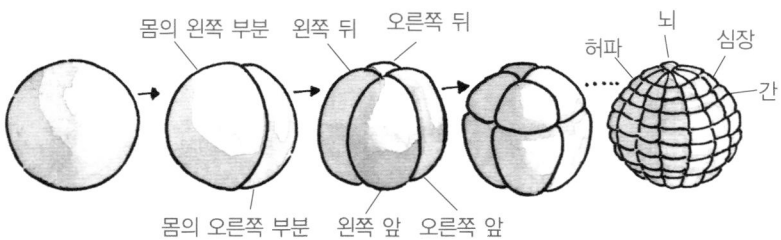

몸의 왼쪽 부분　왼쪽 뒤　오른쪽 뒤　　　　　　뇌　심장
　　　　　　　　　　　　　　　　　　허파　　　　　간

몸의 오른쪽 부분　왼쪽 앞　오른쪽 앞

되고, 뇌의 유전 정보를 가진 세포는 뇌가 되는 방법으로 몸의 각 부분이 만들어진다고 생각한 것이지요. 바이스만의 주장을 정리하면 다음과 같습니다.

> 수정란은 작은 세포로 나뉘면서 유전 정보도 점점 나뉘게 된다. 따라서 몸의 각 기관을 이루는 세포는 그 기관에 대한 정보만을 가지고 있다.

이 생각은 당시에 널리 받아들여졌습니다. 이 주장이 옳다는 것을 증명하기 위해 독일의 과학자 빌헬름 루(Wilhelm Roux, 1850~1924)는 개구리 알을 가지고 실험을 하였습니다. 그는 개구리의 수정란의 배를 2개로 나누어 각각을 따로 개구리로 발생시킬 수 있는지 알아보겠다는 생각을 했습니다. 만일 바이스만의 주장이 옳다면 배를 둘로 분리했을 때 각각으로부터 살아 있는 새 개구리를 얻을 수 없어야 합니다.

그는 개구리 알을 가져와 2개의 세포로 나뉠 때까지 기다려 뜨거운 바늘로 2개의 세포 중 하나를 찔러서 배의 반쪽을 파괴했습니다. 결과는 반쪽 세포는 반쪽 배로 발달되어 바이스만의 이론이 옳다는 것이 증명되었습니다.

그러나 다른 결과도 있었습니다. 독일의 과학자 드리슈

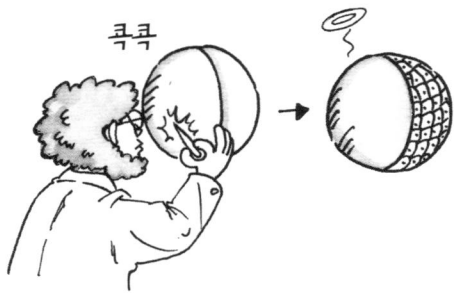

콕콕

(Hans Driesch, 1867~1941)는 성게를 가지고 실험하였습니다. 성게는 바다에 살며 공 모양의 몸에 온통 가시가 나 있는 동물입니다. 그 역시 바이스만의 주장이 옳다고 생각한 학자였습니다. 그러나 성게 알을 가지고 실험하는 데에는 문제가 있었습니다. 성게 알은 개구리 알보다 훨씬 작기 때문에 루가 실험했던 것처럼 2개의 세포 중 하나를 바늘로 찔러서 파괴할 수 없었습니다.

그러나 성게 알은 개구리 알과 달리 세포들이 붙어 있는 부분이 적어 흔들어 주면 각각의 세포로 떨어져 나가기 쉽습니다. 그는 두 세포의 성게 알을 바닷물이 담긴 비커에 넣고 세

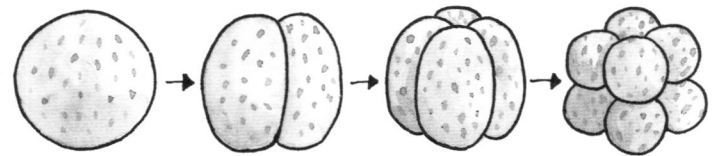

흔들면 떨어진다오.

포들이 분리될 때까지 오랫동안 흔들었습니다.

드리슈의 예상이 맞다면 어떤 결과가 나왔을까요?

__ 완전하지 못한 성게가 태어날 것입니다.

네, 물론 드리슈도 그런 결과를 예상했습니다. 그러나 예상
은 어긋났습니다. 크기는 정상보다 작긴 했지만 두 동강이
난 세포는 각각 온전한 성게로 만들어졌기 때문입니다. 4세
포기의 배를 가지고 실험해도 마찬가지였습니다. 세포는 작
긴 했지만 온전한 성게 4마리로 성장했습니다.

드리슈는 아마도 루가 개구리 배를 바늘로 찌른 것이 결과
를 달라지게 했다고, 즉 남은 한쪽 세포가 어느 정도 손상을

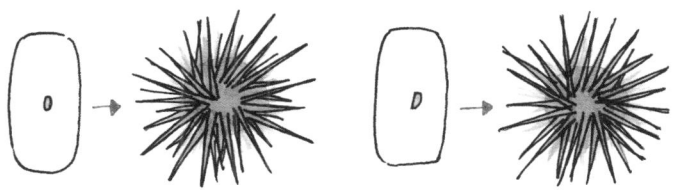

입어 적절하게 발달할 수 없었을 것으로 생각했습니다. 개구리 배를 2개로 나눈다면 그것들도 완전한 개구리로 자랄 것이라고 생각하였으나 그럴 기술이 없었기 때문에 자신이 생각한 이론을 증명하지는 못했습니다.

드리슈의 주장이 옳음은 노벨상을 수상한 발생학자인 슈페만(Hans Spemann, 1869~1941)이 1902년 도롱뇽 배를 2개로 분리하는 데 성공하여 증명되었습니다. 당시에 그는 폐결핵을 앓고 있어 시골의 병원에서 요양하고 있었다고 합니다. 할 일이 없었던 그는 발생학에 관련된 책을 읽고 바이스만의 이론에 관심을 가지게 되었습니다.

마침 병원 주변에서는 도롱뇽 알을 쉽게 구할 수 있었습니다. 문제는 도롱뇽 알을 세포를 다치지 않게 하면서 2개로 분리하는 것이 어렵다는 것이었는데, 그는 머리카락을 이용하여 해결했습니다.

미술 공작 시간에 고무 찰흙을 칼로 자르면 잘린 부분이 눌

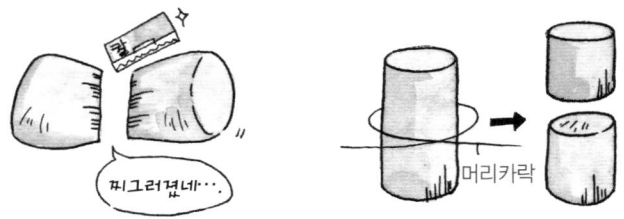

리게 됩니다. 하지만 머리카락을 이용해 고무 찰흙을 자르면
모양이 망가지지 않으면서 잘린 부분을 편평하게 자를 수 있
지요. 그 원리를 이용한 것입니다. 슈페만은 머리카락을 올가
미처럼 묶어 2세포기의 배 중앙에 끼워 넣은 다음, 그것을 서
서히 조여 배를 2개로 분리시켰습니다.

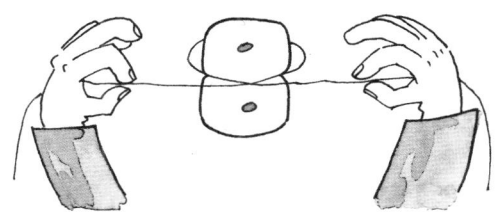

2개의 배는 어떻게 되었을까요?

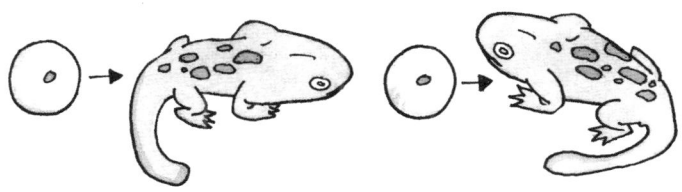

각각의 배는 정상적인 도롱뇽으로 발달했습니다. 이 결과
는 첫 번째 시간에 이야기했던 일란성 쌍둥이가 만들어지는
것과 같습니다. 이를 통해 슈페만은 바이스만의 이론이 잘못
되었음을 증명하고 다음과 같은 결론을 내릴 수 있었습니다.

초기 배의 세포는 작은 세포로 나뉠 때 몸을 이루는 모든 유전 정보를 가지고 있다.

슈페만의 이 발견은 매우 중요합니다. 이것으로 복제에 대해 본격적인 연구를 할 수 있게 되었으니까요.

과학자의 비밀노트

아우구스트 바이스만(August Weismann, 1834~1914)
독일 프랑크푸르트에서 태어난 발생학자이자 유전학자로 처음엔 의학을 공부하였으나 동물학에 관심을 가져 기센 대학에서 발생학을 배웠다. 이후 프라이부르크 대학의 교수가 되어 발생학을 연구하였으나, 시력 악화로 실험 연구가에서 이론 연구가로 전환하였다. 그는 유전의 기능을 맡은 입자가 염색체에 있다는 사실과 그 염색체의 이름을 '비오포아'라 할 것 등을 제창하기도 하였다. 자연 선택을 진화의 주요인이라 주장했던 그는 학설로도 널리 알려져 바이스마니즘이라 불린다.

빌헬름 루(Wilhelm Roux, 1850~1924)
독일 예나에서 출생한 해부학자이자 동물 발생학자로, 브레슬라우 대학 조교수가 되었고, 그를 위하여 신설한 실험 발생학 연구소의 소장이 되었다. 그 후 할레 대학 해부학 교수가 되었다. 해부학과 발생학의 연구에 있어 실험적·해석적 방법을 이용하였다. 특히, 바이스만의 생식질설과 관련하여 2세포기의 개구리 알의 할구 하나를 죽여서 반배를 만들어 낸 실험은 유명하다.

과학자의 비밀노트

한스 드리슈(Hans Driesch, 1867~1941)

독일 바트 크로이트나흐에서 태어난 동물학자이자 철학자로 뮌헨 대학과 예나 대학에서 공부한 뒤, 하이델베르크 대학 조교수, 쾰른 대학 교수를 거쳐 라이프치히 대학의 교수가 되었다. 1892년에는 성게의 2세포기의 배를 2분하여 각 할구의 발생 과정을 조사하였다. 나아가 1893년에는 같은 성게의 배에 압력을 가하여 발생 과정에 미치는 영향을 연구하여, 조절란의 성질을 밝혔다.

한스 슈페만(Hans Spemann, 1869~1941)

독일 슈투트가르트에서 태어난 동물학자로, 로스토크 대학교 교수, 카이저 빌헬름 연구소 생물학 부장, 프라이부르크 대학교 교수를 역임하였다. 발생에 대해 실험한 결과, 발생의 초기에는 동물 태아 각 부분의 운명은 결정되어 있지 않음을 알아냈다. 그는 세포의 분열, 분화와 조직, 기관의 형성 요인 등을 탐구하고, 수정체의 유도와 신경판 형성의 연구로부터 형성체 이론에 도달한 획기적인 업적을 이루어 1935년에 노벨 생리ㆍ의학상을 수상하였다.

이제 본격적으로 복제에 관해 얘기해 볼까요? 철수 군은 발생학이 어떤 학문이지 알고 있나요?

음, 글쎄요.

난자와 정자가 수정한 후 성체가 되는 과정, 즉 발생을 연구하는 학문이 발생학입니다.

복제 철수 군은 잘 알고 있네요. 그럼 그 발생의 연구는 어떻게 이루어졌을까요?

그것은 관찰하기 쉬운 양서류의 체외 수정을 통해 연구가 시작되었지요.

흥!

그런 연구를 통해 수정란은 계속 작은 세포로 나뉘다가 생물 몸의 각 부분을 이루게 된다는 걸 알게 되었습니다. 하지만 하나의 세포인 수정란에서 어떻게 완전한 동물이 되는지는 여전히 의문으로 남아 있었습니다.

음….

몸의 왼쪽 부분   왼쪽 뒤   오른쪽 뒤   허파 뇌 심장

몸의 오른쪽 부분   왼쪽 앞   오른쪽 앞

복제 철수 군의 말이 맞아요. 처음에 사람들은 수정란이 작은 세포로 나뉘면서 유전 정보도 점점 나뉘게 되어, 몸의 각 기관을 이루는 세포는 그 기관에 대한 정보만 가지고 있다고 생각했죠.

그럼 아닌가요?

네. 슈페만이라는 발생학자가 초기 배의 세포는 작은 세포로 나뉠 때 몸을 이루고 있는 모든 유전 정보를 다 가지고 있다는 것을 밝혀냈죠.

그게 그렇게 중요한 건가요?

물론이지. 이것은 초기 발생 과정에서 세포를 잘 나누어 주면 각각의 생물로 자란다는 것을 발견한 것이었으니까. 이로써 복제에 대해 본격적인 연구를 할 수 있게 된 거라고.

아~, 그렇구나.

4

복제의 역사

생물학자들은 복제 방법을 알아내기 위해 어떻게 연구했을까요?

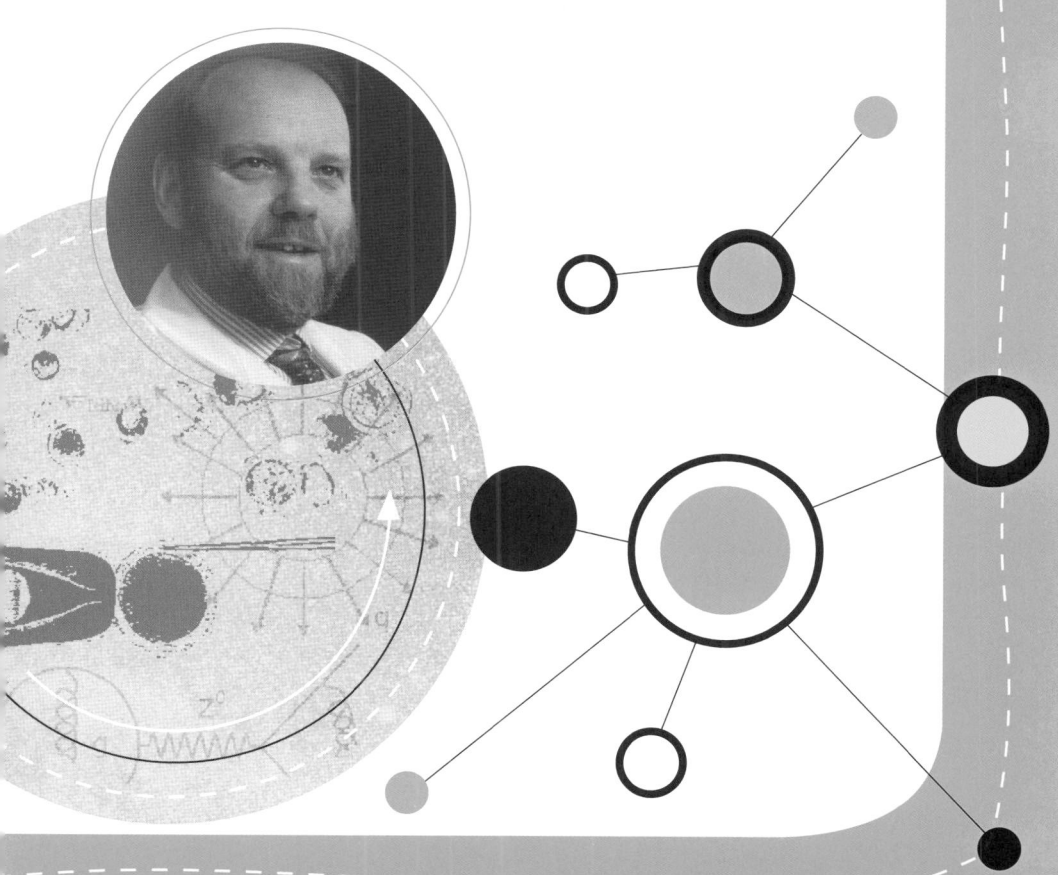

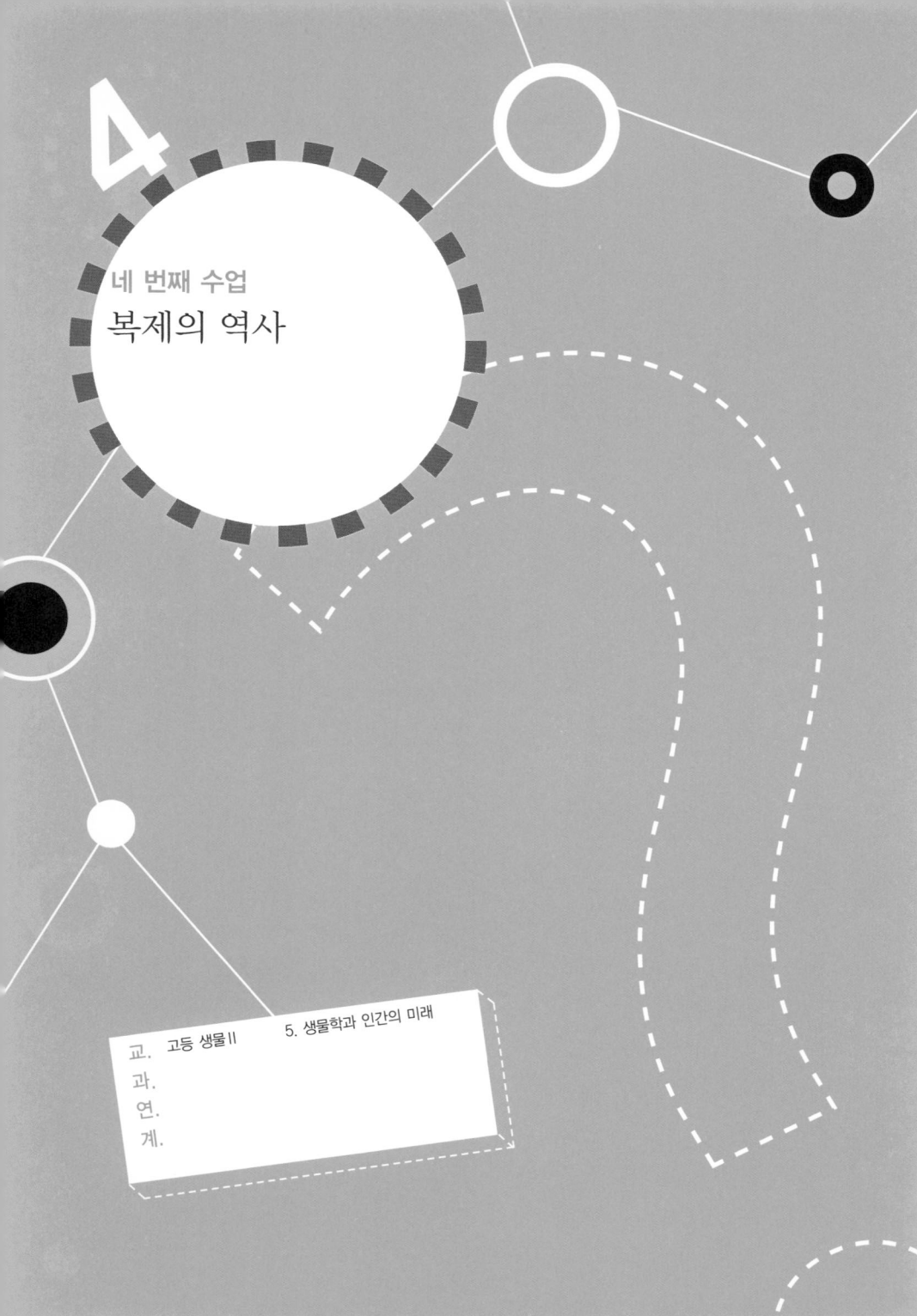

네 번째 수업

복제의 역사

윌머트가
지난 시간에 배운 내용을 복습하며
네 번째 수업을 시작했다.

지난 시간에는 동물의 발생 과정에 대해 배웠습니다. 여러 학자들의 연구를 통해 초기 발생 과정에서 세포를 잘 나누어 주면 각각의 생물로 자라는 것을 알 수 있었습니다.

도롱뇽 복제에 성공한 슈페만은 다 자란 동물을 복제할 수도 있을 것이라고 생각했습니다. 다 자란 동물의 세포핵을 떼어내어 핵을 빼낸 난자 속에 넣어 주면 복제 동물이 생길 것으로 생각했답니다. 복제의 원리를 정확하게 알고 있었지요. 하지만 슈페만은 아이디어는 있었지만, 실제로 실험해 볼 수는 없었습니다. 복제 방법이 그만큼 어렵기 때문이지요.

　슈페만의 아이디어를 실제로 실험하여 성공한 것은 슈페만이 죽은 이후였습니다.

　1952년, 브리그스(Robert Briggs, 1911~1983)라는 과학자는 개구리 세포핵을 떼어내어 개구리 난자에 넣어 주면 정상적인 개구리가 발생하는지를 알아보기로 하였습니다. 수정되지 않은 개구리 난자에서 유리 바늘을 이용해 핵을 뽑아낸 다음 개구리 수정란의 세포핵을 난자에 넣었습니다.

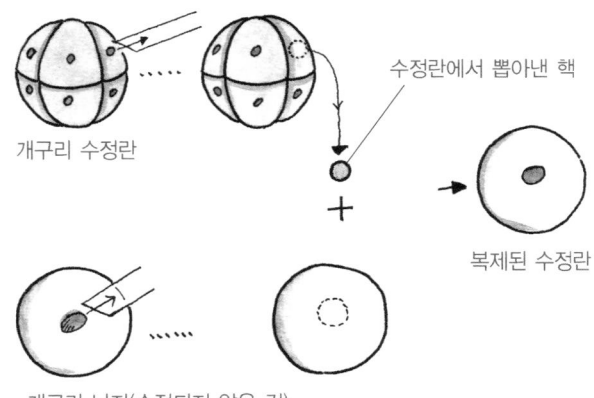

수정란에서 뽑아낸 핵

개구리 수정란

복제된 수정란

개구리 난자(수정되지 않은 것)

　실험의 성공률을 높이기 위해 197개의 핵을 빼내어 197개의 개구리 알에 이식하고 키운 결과 최종적으로 27마리의 올챙이가 생겼습니다. 그러나 수정란의 세포핵이 더 발생한 것일수록 성공률은 낮아지고 기형이 생길 확률은 높아졌습니

다. 또, 올챙이 세포에서 뽑아낸 핵을 난자에 넣어 주면 발생
하지 않았습니다.

초기 수정란의 핵을 넣는 모습

개구리 난자   정상적인 올챙이

어느 정도 발생이 진행된 수정란의 핵을 넣은 모습

개구리 난자   기형 올챙이

이상해⋯

올챙이 세포에서 뽑아낸 핵을 넣은 모습

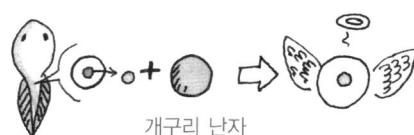

개구리 난자

이 실험을 통해 다음과 같은 사실을 알 수 있었습니다.

초기 배세포의 핵을 이용해서 복제할 수 있다. 그러나 어느 시기를 넘으면 더 이상 복제할 수 없다.

개구리 복제만 겨우 성공했기 때문에 과학자들은 개구리 이상의 고등 동물의 복제는 불가능할 것으로 생각했습니다. 더군다나 포유류 같은 경우에는 복제된 수정란을 다시 암컷의 자궁에 넣어 주어야 하는데 그 일도 매우 어려웠습니다.

하지만 1986년, 빌라드센(Steen Willadsen, 1944~)이라는 덴마크의 과학자가 양의 배에서 핵을 빼내어 양의 난자에 넣어 복제 배아를 만들어 암컷 양의 자궁에 넣어 준 결과 2마리의 양이 태어났습니다.

과학자의 비밀노트

스틴 빌라드센(Steen Willadsen, 1944~)
덴마크의 코펜하겐에서 태어난 과학자로 덴마크 왕립 수의과 대학에서 수의학을 공부하여 생식 생리학의 학위를 취득하고, 1984년 영국에서 복제 배아를 만들어 최초로 복제 양을 만드는 데 성공하였다.

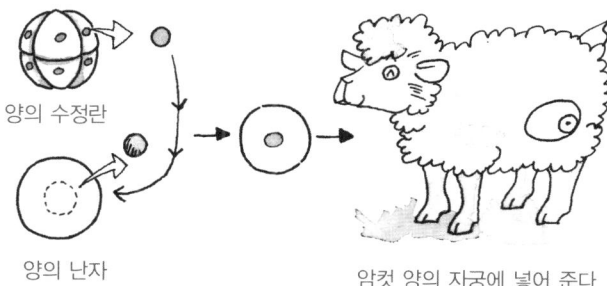

양의 수정란

양의 난자

암컷 양의 자궁에 넣어 준다.

　또한, 사람과 가장 비슷하다는 원숭이 복제 실험도 성공했습니다. 1996년 미국의 영장류 연구 센터의 돈 울프 박사 팀은 원숭이의 수정란이 8개의 세포로 나뉘었을 때 이들을 각각 분리해 핵을 뽑아낸 다음, 핵을 없앤 난자에 넣은 뒤 유전적으로 같은 형질을 가진 8개의 수정란을 만들었습니다. 이 수정란을 각각 대리모의 자궁에 넣어 주어 같은 유전 형질을 가진 복제 원숭이 8마리를 만들어 내는 데 성공했습니다.

　양과 원숭이 복제 실험이 성공함으로써 포유류의 복제도

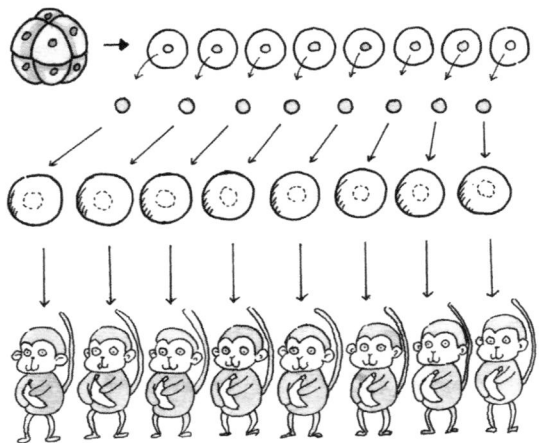

가능하다는 것이 증명되었습니다. 그러나 아직 갈 길은 멀었지요. 빌라드센과 울프의 연구는 어느 정도 발생이 진행된 수정란에서 핵을 빼내어 복제 동물을 만든 것입니다. 이렇게 만든 복제 동물은 어떤 형질을 가지고 있는지 알 수 없습니다. 왜냐하면 원본 동물은 아직 태어나지도 않았으니까요.

진정한 의미의 복제는 다 자란 동물로부터 이와 똑같은 형질을 가진 동물을 만들어 내는 것입니다. 그럴 경우 이미 원본이 된 동물의 특징을 다 알고 있기 때문에 복제 동물도 같은 특징을 가졌음을 쉽게 알 수 있겠지요.

흔히 내가 만든 돌리가 최초의 복제 동물이라고 생각하는 사람들이 많은데, 정확하게 말하자면 최초의 복제 동물은 아니랍니다. 지금까지 살펴본 바와 같이 여러 학자들이 복제 동물을 만들어 냈으니까요. 하지만 돌리의 의의는 다 자란 동물의 복제는 불가능하다고 생각했던 기존의 이론을 뒤집었다는 데에 있답니다.

다음 수업에서는 돌리 만드는 방법을 알아보도록 합시다.

만화로 본문 읽기

선생님, 슈페만 박사님의 발견으로 복제 연구가 시작되었다고 하셨는데, 그럼 복제는 그 후 어떻게 발전되어 왔나요?

처음 복제 실험을 한 사람은 브리그스라는 과학자로, 1952년 개구리 세포핵을 빼내어 개구리 난자에 넣어 주면 정상적인 개구리가 발생하는지를 실험했어요.

그러나 수정란의 세포핵이 더 발생한 것일수록 성공률은 낮아지고, 올챙이 세포에서 뽑아낸 핵을 난자에 넣어 주면 발생을 하지 않았지요. 이 실험을 통해 초기 배세포의 핵을 이용해야만 복제할 수 있다는 사실을 알게 되었죠.

과학자들은 개구리 복제만 겨우 성공했기 때문에 고등 동물의 복제는 불가능할 것으로 생각했습니다. 더군다나 포유류의 경우에는 복제된 수정란을 다시 암컷 자궁에 넣어 주어야 하는데, 그 일도 매우 어려웠으니까요.

하지만 양을 복제하는 데 성공하게 되지.

1986년 빌라드센이라는 과학자가 양의 배에서 핵을 빼내어 복제 배아를 만들어 암컷 양의 자궁에 넣어 2마리의 양을 태어나게 했어. 그리고 1996년 울프 박사 팀은 복제 원숭이 8마리를 만들어내는 데 성공했지.

와~, 원숭이까지?

양과 원숭이 복제 실험이 성공함으로써 포유류 복제도 가능하다는 것이 증명되었지만, 이렇게 만든 복제 동물은 어떤 형질을 가지고 있는지 알 수 없어. 왜냐하면 원본 동물은 아직 태어나지도 않았으니까. 진정한 의미의 복제는 다 자란 동물로부터 이와 같은 형질을 가진 동물을 만들어 내는 것이잖아.

그렇구나.

그런 의미에서 내가 처음으로 만든 복제양 돌리가 최초의 복제 동물은 아니었죠. 앞에 설명한 대로 여러 과학자들이 이미 복제를 했으니까요. 하지만 나의 연구는 다 자란 동물은 복제할 수 없다는 기존의 이론을 뒤집었다는 데 의의가 있답니다.

복제양 돌리를 만들어 볼까요?

최초의 복제 동물인 돌리를 만드는 방법을 알아봅시다.
기존의 복제 동물과는 어떻게 다를까요?

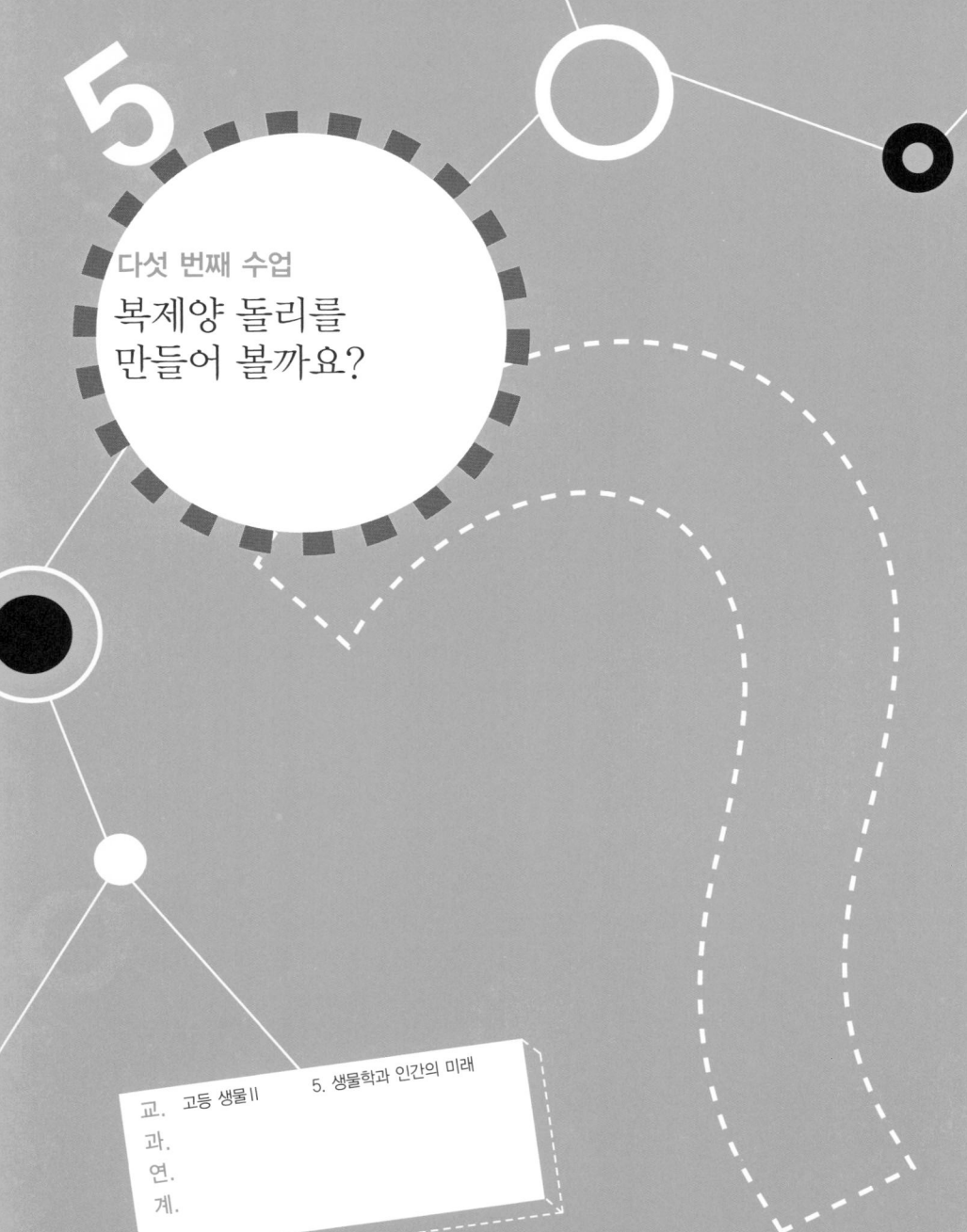

5

다섯 번째 수업

복제양 돌리를
만들어 볼까요?

윌머트가
복제양 돌리의 사진을 보여 주며
다섯 번째 수업을 시작했다.

　오늘은 드디어 내가 만든 돌리를 소개할 차례네요. 참 예쁘게 생긴 양이죠?

　여러분 중에서 돌리의 이름을 들어 보지 못한 사람은 거의 없을 것입니다. 돌리는 1996년 7월에 내가 일하고 있는 스코틀랜드 로슬린 연구소에서 태어났답니다.

돌리예요.

　어디에서나 볼 수 있는 흔한 양인데 왜 돌리가 전 세계적으

로 유명해졌을까요? 그것은 돌리가 암컷과 수컷 사이의 교배에서 태어난 양이 아닌 다 자란 양의 체세포를 이용해 태어난 복제 양이기 때문입니다.

지난 시간에도 이야기했듯이 여러 과학자들이 복제 동물을 만들기 위해 노력했지만, 분열하고 있는 수정란에서 떼어낸 핵을 이용해 복제에 성공했을 뿐 다 자란 동물을 복제하는 것은 성공하지 못했습니다. 그 이유는 무엇일까요? 그것은 수정란에서 떼어낸 핵 속에 들어 있는 유전 정보는 아직 자기가 할 일이 결정되지 않았기 때문에 몸의 어떤 부분으로도 발달할 수 있는 상태이지만, 다 자란 동물의 체세포 핵 속에 들어 있는 유전 정보는 이미 자기가 할 일이 결정되어 있기 때문입니다.

예를 들어, 심장 세포에서 떼어낸 핵 속에는 심장에 관련된 유전 정보들만 활동하고 다른 유전 정보들은 활동하지 않기 때문에, 심장 세포의 핵을 이용해 복제를 하더라도 새로운

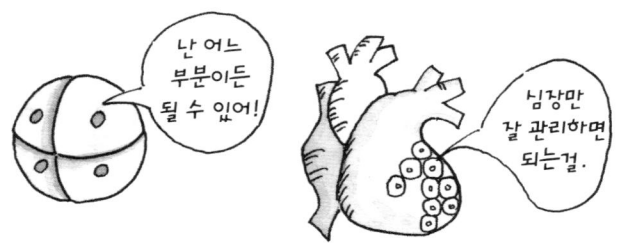

분화된 수정란의 세포핵과 심장 세포의 핵

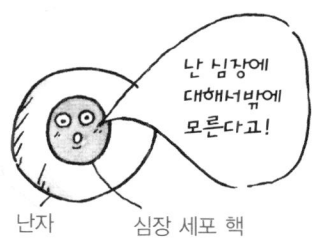

난자　심장 세포 핵

복제 동물이 만들어지지 않습니다.

따라서 다 자란 동물을 복제하기 위해서는 체세포 핵에 들어 있는 유전 정보들을 맨 처음 상태로 되돌려 몸의 모든 부분을 만들 수 있는 상태로 만드는 방법을 찾아야 했습니다.

내가 돌리를 만들 수 있었던 것은 바로 이 문제를 해결하는 방법을 알아냈기 때문입니다. 자, 그럼 복제양 돌리를 만드는 과정을 함께 살펴볼까요?

복제할 양의 체세포 빼내기

먼저 양의 체세포를 뽑아내야 합니다. 건강하고 다 자란 양을 한 마리 골라 체세포를 뽑아내면 됩니다.

어떤 세포를 뽑아내도 상관없지만 사용해서는 안 될 세포

가 3종류가 있습니다. 무엇일까요?

__ 정자하고 난자요.

왜 그런가요?

__ 정자와 난자는 생식 세포이므로 유전자가 체세포의 절반만 들어 있기 때문입니다.

네, 맞습니다. 또 다른 세포는 적혈구랍니다. 적혈구는 체세포이지만, 핵이 없기 때문에 사용할 수 없답니다.

나는 어떤 세포를 이용할까 고민하다가 양의 젖샘 세포를 떼어냈답니다. 자, 이제 핵 속에 들어 있는 유전 정보들을 맨 처음 상태로 되돌리는 일이 남았군요. 나는 이 문제를 해결하

젖샘이 있는 곳

기 위해 고민하다가 세포의 한살이 과정을 생각해 냈답니다.

여러분은 우리의 몸이 자라기 위해 세포가 분열한다는 것을 알고 있을 것입니다. 세포는 무한정 커질 수 없고, 어느 정도 자라면 둘로 나뉘는데, 세포 분열이 아무 때나 일어나는 것은 아니랍니다. 일단 세포의 크기가 어느 정도 자라야 하고, 충분한 영양분이 있을 때여야만 해요. 영양분이 없으면 세포 분열은 일어나지 않고 세포들은 쉬는 상태가 된답니다.

세포 분열

이 정도로 뚱뚱해 졌으면 슬슬 다이어트를 해야 되겠군.

빵빵~

아 배불러. 요즘은 먹을 게 넘치 는 걸~

그런데 중요한 것은 세포들이 쉬고 있을 때 핵 속에 들어 있는 유전 정보들은 아주 활동적인 상태가 되는 거죠. 이때의 유전 정보들은 우리 몸을 이루는 모든 것을 만들 수 있답니다.

자, 그렇다면 떼어낸 젖샘 세포를 어떻게 해 주면 될까요?

세포 분열(cell division)

• **체세포 분열** : 원래 가지고 있던 유전자를 그대로 복사하여 2개의 세포로 분열한다. 따라서 원래 세포와 분열 후의 세포 사이에 유전적인 차이는 존재하지 않는다. 이러한 체세포 분열은 생물의 다양한 생장 방식 중 하나이다.

• **감수 분열** : 생식 세포를 만들기 위한 세포 분열이다. 부모의 유전자 모두를 자손이 물려받으면 자손의 유전자는 부모의 2배가 되므로, 생식 세포가 만들어질 때는 가지고 있는 유전자 중 절반만을 하나의 세포에 넣어 생식 세포를 만든다.

한 학생이 조심스럽게 이야기했다.

__세포에 양분을 주지 않으면 되지 않을까요?

네, 맞아요. 세포를 굶기면 된답니다. 떼어낸 세포는 그냥 두면 죽어 버려요. 죽지 않도록 실험실에서 특수한 액체 속

세포 휴식기

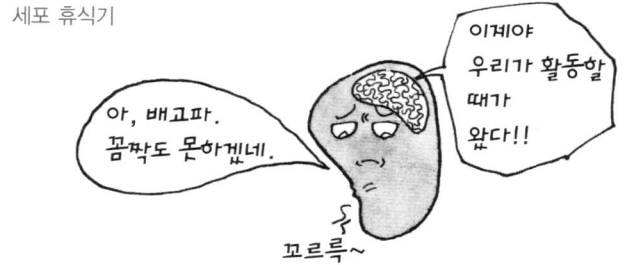

에 집어넣어야 하는데, 이때 양분을 넣지 않으면 세포는 더 이상 분열하지 않고 쉬게 되고, 반대로 핵 속의 유전 정보는 무엇이든 만들 수 있는 상태가 되는 거지요. 가장 큰 문제가 해결되었군요.

양의 난자 빼내기

이제는 체세포의 핵을 넣을 난자가 필요합니다. 난자를 얻는 데에는 한 가지 문제가 있습니다. 난자는 한 번에 1개씩 나오기 때문에 많은 양을 얻을 수 없다는 것이지요. 이 문제를 해결하기 위해서 양에게 난자가 빨리 나오게 하는 호르몬 주사를 놓은 다음, 양의 몸속에서 난자를 꺼내는 수술을 합니다.

호르몬 주사

난자

난소

다음에는 난자 속에 들어 있는 핵을 **빼내야** 합니다. 양의 난자는 매우 작기 때문에 그 속에 들어 있는 핵만을 **빼내는** 것은 더욱 어렵답니다.

현미경을 통해 난자를 들여다보면서 아주 작은 유리막대로 핵을 **빼냅니다.**

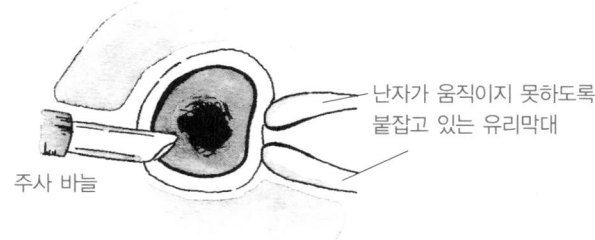

난자가 움직이지 못하도록 붙잡고 있는 유리막대

주사 바늘

미세한 주사 바늘로 난자의 핵을 빨아들여 빼낸다.

체세포 핵과 난자를 결합하기

이제는 체세포 핵과 핵을 **빼낸** 난자를 결합시킬 차례입니다. 이 과정 역시 아주 조심스러운 손길이 필요합니다. 유리 막대로 난자가 움직이지 못하게 고정시킨 다음에 체세포의 핵을 난자 속으로 넣어 줍니다. 이때 난자 속에 핵을 넣어 주

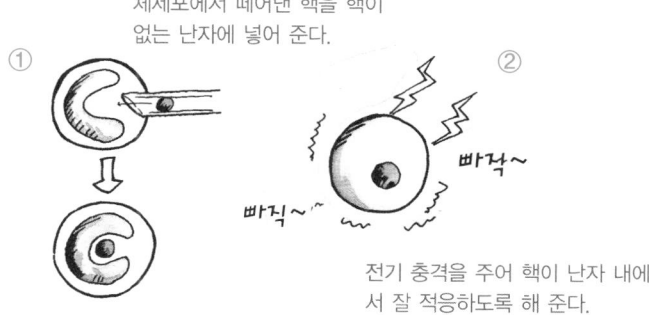

체세포에서 떼어낸 핵을 핵이 없는 난자에 넣어 준다.

① ②

빠직~

빠직~

전기 충격을 주어 핵이 난자 내에서 잘 적응하도록 해 준다.

기만 해서는 둘이 잘 결합하지 못합니다. 그래서 난자에 전기 충격을 주어 핵과 난자가 잘 붙을 수 있도록 해 줍니다.

수정란을 대리모의 자궁에 넣어 주기

이제는 만들어진 수정란을 잘 키울 일만 남았습니다. 여러분도 알다시피 수정란을 암컷 양의 자궁에 넣어 주어야 합니다. 이 양을 대리모라고 합니다. 수정란을 대리모 양의 자궁에 넣어 주면 수정란은 자궁에 붙어 자라게 되고 몇 달 후 복제양 돌리가 태어나게 된답니다.

알고 보면 돌리는 정말 어렵게 태어났답니다. 태어난 과정을 보았을 때 하나도 쉬운 과정이 없었지요? 돌리를 만들기

위해 사용된 복제 수정란은 277개나 되었답니다. 그중에서 대리모의 자궁에 이식할 수 있는 상태로 자란 것은 13개밖에 되지 않았고, 새끼 양으로 태어난 것은 오직 돌리 한 마리뿐입니다.

세계 최초로 다 큰 동물의 복제는 성공했지만 성공률은 매우 낮았던 셈이지요.

만화로 본문 읽기

와, 이 양이 바로 선생님께서 복제하는 데 성공한 돌리군요. 그럼 돌리는 어떻게 만들어졌나요?

그건 복제 철수 군이 아마 잘 알고 있을 겁니다. 그렇죠?

물론이죠. 자, 그럼 순서대로 설명할테니 잘 들어둬.

먼저 복제할 양의 체세포를 빼내야겠지? 그런 다음 실험실에서 특수한 액체 속에 집어넣어야 하는데, 이때 양분을 넣지 않으면 세포는 더 이상 분열하지 않게 되고, 반대로 핵 속의 유전 정보는 무엇이든 만들 수 있는 상태가 되지.

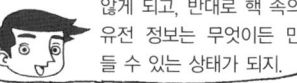

그 다음엔?

다음엔 양의 난자를 구하고 난자 속에 들어 있는 핵을 빼내는 거야. 양의 난자는 매우 작아서 현미경을 통해 난자를 들여다보면서 작은 유리막대로 핵을 빼내.

으음….

이제 체세포 핵과 핵을 빼낸 난자를 결합시킬 차례야. 유리막대로 난자가 움직이지 못하게 고정시킨 다음 체세포의 핵을 난자 속으로 넣어 주는 것이지. 이때 난자에 전기 충격을 주어 핵과 난자가 잘 붙을 수 있도록 해 주고.

와, 그렇게 결합하는 거구나.

마지막으로 만들어진 수정란을 대리모 양의 자궁에 넣어 주면 몇 달 후 복제 양이 태어나게 되는 거야. 물론 설명은 간단할지 몰라도 돌리는 정말 어렵게 태어났거든. 수많은 실험 중에 새끼 양으로 태어난 건 돌리 한 마리뿐이었으니까.

맞아요. 내가 세계 최초로 다 큰 동물의 복제는 성공했지만, 성공률은 매우 낮았던 셈이었지요.

복제란 생각보다 어려운 일이네요.

6

복제된 것인지
알 수 있는 **방법**

복제한 동물이 제대로 복제가 된 것인지
어떻게 알 수 있을까요? 알아봅시다.

6

복제된 것인지
알 수 있는 방법

월머트가 복제된 것인지
알아보는 방법을 설명하기 위해
여섯 번째 수업을 시작했다.

지난 시간에는 돌리가 만들어지는 과정을 살펴보았습니다. 돌리는 암컷 양과 수컷 양의 교배에서 태어난 양이 아닌 복제 양입니다. 그런데 복제가 제대로 된 것인지 어떻게 알 수 있을까요? 실제로 돌리를 만들었다고 발표했을 때 많은 과학자들이 돌리가 정말 복제된 양인지, 아니면 거짓으로 꾸민 것인지 의심하였습니다. 복제 양이라고 해서 겉으로 보기에 다른 점은 전혀 없기 때문에 의심할 만도 하지요.

일단 돌리를 만드는 데 필요한 양은 3마리입니다. 체세포의 핵을 제공한 양, 난자를 제공한 양, 수정란을 자궁에 넣어

돌리를 태어나게 한 대리모 양, 이렇게 말입니다.

실제로 돌리가 복제 양이라면 어떤 양의 형질을 그대로 물려받은 것일까요?

__체세포 핵을 제공한 양입니다.

네, 맞아요. 돌리의 모든 유전 정보는 핵 안에 들어 있기 때문에 핵을 제공한 양이 돌리의 원본이겠지요. 하지만 눈으로 보아서는 어느 양이 돌리의 원본인지는 알 수 없어요.

과학자들의 의심을 풀어 주기 위해 나는 DNA 지문을 검사하기로 했답니다. 손가락 끝마디에 있는 지문은 사람마다 모두 다릅니다. 그렇기 때문에 사람을 구별할 수 있는 특징이 되지요. 그래서 도난 사건이나 살인 사건 같은 것이 일어났을 때 출동한 형사들이 제일 먼저 하는 일 중 하나가 현장에

딱
걸렸어~

서 지문을 채취하는 것입니다. 현장에서 채취한 지문을 분석해서 사건의 용의자 중 범인을 찾아낼 수 있답니다.

사람의 경우에는 지문을 이용해 개인을 구별할 수 있지만, 양은 그런 방법으로는 할 수 없겠지요. 그래서 생각한 것이 DNA 지문입니다. 쉽게 설명하면 모든 사람의 지문이 다르듯이 DNA도 모든 사람들마다 다르다는 것입니다.

일단 DNA가 무엇인지부터 알아야겠네요. 첫 번째 수업에서 세포의 핵 속에는 염색체가 들어 있고 염색체 안에는 유전자가 들어 있다고 했지요? 막대기 모양의 염색체를 잘 풀어보면 가는 실 모양이 나오는데 이것을 염색사라고 합니다. 염색사를 좀 더 자세히 들여다보면 2개의 선이 꽈배기 모양

으로 감겨 있는데 이것이 바로 DNA입니다. DNA 속에는 우리 몸의 모든 유전 정보가 들어 있는 것이지요.

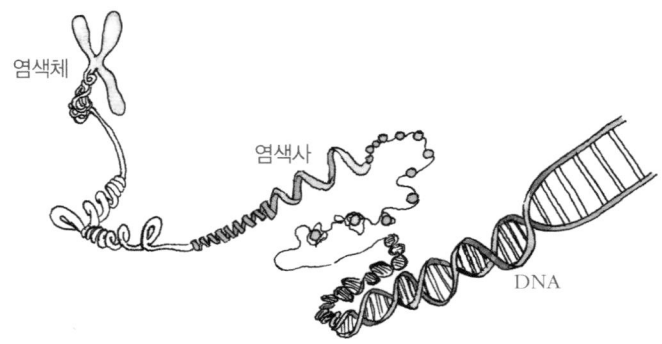

DNA의 구조

DNA는 사람의 지문과 마찬가지로 모두 다릅니다. 따라서 특정한 DNA 부위를 자를 수 있는 약을 이용해 DNA를 잘라 내면 사람마다 잘린 조각의 크기가 다르답니다. 이 사실을 이용해 돌리가 누구의 유전 정보를 가지고 있는지 알 수 있습니다. 자, DNA 지문의 원리를 이해하기 위해 다음과 같은 실험을 해 봅시다.

월머트 박사는 두 학생에게 1m 길이의 나무 막대를 나누어 주었다.

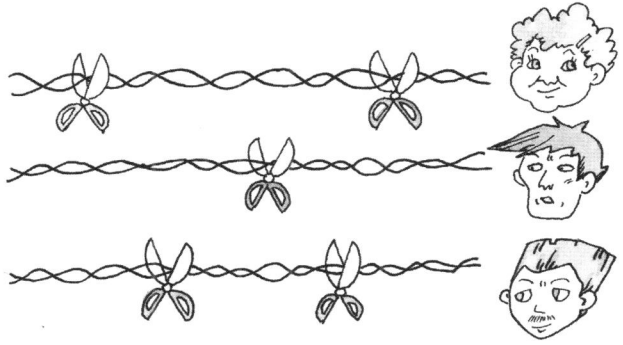

사람마다 다른 DNA 크기

내가 준 막대는 굵기와 무게가 같은 1m짜리 나무 막대입니다. 10cm 길이마다 표시가 되어 있을 것입니다. 칼을 가지고 여러분 마음대로 잘라 보세요. 단, 10cm 단위로만 잘라야 합니다. 예를 들어 20cm, 30cm, 50cm…… 이렇게요.

학생들은 자유롭게 막대를 잘랐다.

남학생은 3조각으로 자르고, 여학생은 4조각으로 잘랐군요.

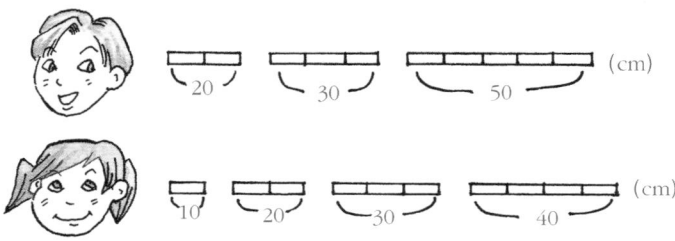

자, 이제는 매끄러운 바닥에 각각 자른 나무 막대를 굴려
보세요. 단, 같은 힘으로 막대를 굴려야 합니다.

막대가 굴러간 거리가 다르게 나왔군요. 왜 그럴까요?

＿막대의 길이가 달라 무게도 달라졌기 때문입니다.

네, 그렇다면 멀리까지 굴러간 막대와 가까이 굴러간 막대의 차이점은 무엇인가요?

＿멀리까지 굴러간 막대는 길이가 짧아 가벼운 것이고, 가까운 곳까지만 굴러간 막대는 길이가 길어 무거운 것입니다.

네, 맞습니다. 이번에는 두 학생이 굴린 막대의 거리를 한 줄로 나타내 보죠. 한 줄로 나타내 보니 남학생과 여학생의 막대가 굴러간 거리를 한눈에 알 수 있군요.

지금까지의 내용을 DNA와 연관지어 생각한다면, 1m의 나무 막대는 DNA라고 할 수 있습니다. DNA 자르는 용액을 사용하여 잘라 보면 사람마다 다르게 잘라진다고 했었지요? 아

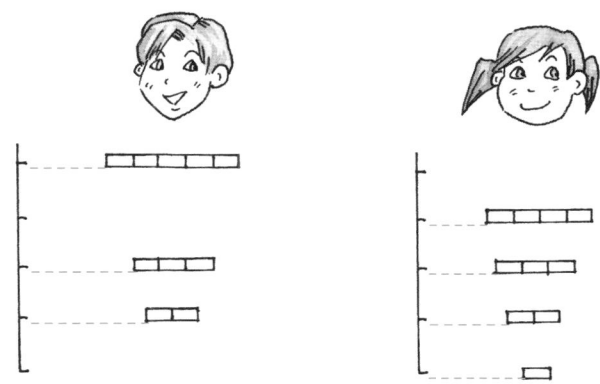

까 남학생과 여학생이 나무 막대를 다른 길이로 자른 것처럼 사람들의 DNA 역시 다른 길이로 잘린답니다.

DNA의 길이가 다르면 당연히 무게도 다르겠지요? DNA 를 나무 막대 굴리듯이 움직여 주면 어느 정도 움직이다가 잘 린 길이에 맞게 멈출 것입니다. 길게 잘린 DNA는 가까운 곳 에서 멈추고, 짧게 잘린 DNA는 먼 곳에서 멈추겠지요. 이 모 습이 사람들마다 다르기 때문에 'DNA 지문'이라고 부르고, 사람을 구별하는 데 쓰인답니다.

자, 다시 돌리 이야기로 돌아가 볼까요? 돌리가 정말로 체세 포 핵을 제공한 양을 복제한 것인지 아닌지 알아보기 위해서는 돌리와 체세포 핵을 제공한 양, 난자를 제공한 양, 대리모 양의

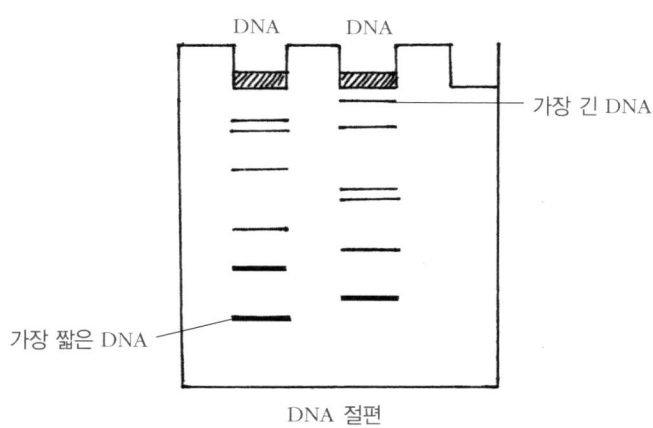

DNA 절편

핵에서 DNA를 꺼내 DNA 지문을 알아보면 될 것입니다.

자, 다음과 같은 결과가 나왔군요. 이 결과를 보고 어떻게 결론을 내릴 수 있나요?

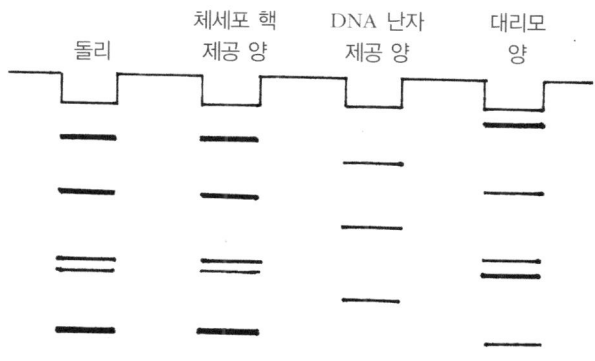

4마리 양의 DNA 절편

__돌리의 DNA 지문은 체세포 핵을 제공한 양의 DNA 지문과 완전히 같습니다. 따라서 돌리는 체세포 핵을 제공한 양을 복제한 것임을 증명할 수 있습니다.

오늘 배운 내용을 정리하면 다음과 같습니다.

생물의 DNA 지문은 모두 다르므로 이것을 이용해 복제된 것인지 아닌지를 알 수 있다.

돌리를 만드는 데 필요한 양은 체세포의 핵을 제공한 양, 난자를 제공한 양, 수정란을 자궁에 넣어 돌리를 태어나게 한 대리모 양, 이렇게 세 마리예요.

그러면 돌리는 체세포 핵을 제공한 양의 형질을 물려받는 것이군요.

체세포 핵 제공 난자 제공 대리모

그래요. 돌리의 모든 유전 정보는 핵 안에 들어 있기 때문에 핵을 제공한 양이 돌리의 원본이지요.

그런데 복제양 돌리가 진짜로 복제된 양인지 어떻게 알 수 있죠?

체세포 핵, 제공 → 너는 내 유전자를 물려 받았단다.

사람은 지문을 이용해 판별할 수 있지만, 양은 그런 방법으로는 판별할 수 없어서 생각한 것이 DNA 지문이에요. 지문이 모두 다르듯 DNA도 모두 다르답니다.

DNA 지문에 대해서 자세히 알려 주세요.

세포의 핵 속에 염색체를 잘 풀어 보면 두 개의 선이 꽈배기처럼 감겨 있는 가는 실 모양의 염색사가 나오는데, 이것이 바로 DNA이에요.

DNA 구조

DNA 속에 모든 유전 정보가 들어 있다.

특정한 DNA 부위를 자를 수 있는 약으로 DNA를 잘라 내면 사람마다 잘린 조각의 크기가 다르지요. 이 사실을 이용해 돌리가 누구의 유전 정보를 가지고 있는지 알 수 있답니다.

그렇군요.

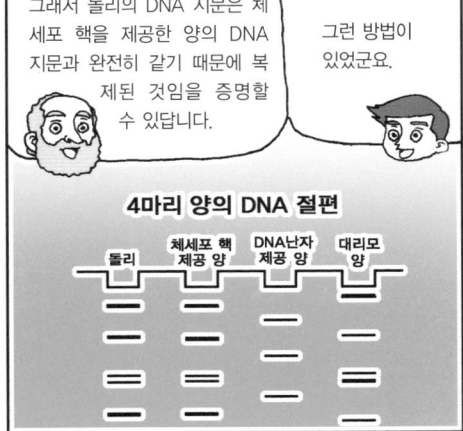

그래서 돌리의 DNA 지문은 체세포 핵을 제공한 양의 DNA 지문과 완전히 같기 때문에 복제된 것임을 증명할 수 있답니다.

그런 방법이 있었군요.

4마리 양의 DNA 절편

돌리	체세포 핵 제공 양	DNA난자 제공 양	대리모 양

7

복제로 할 수 있는 **일**

복제를 이용하면 멸종 위기에 있거나
이미 멸종된 동물을 복원할 수 있습니다.
또 어떤 일을 할 수 있는지 알아봅시다.

7

복제로 할 수 있는 일

월머트가
복제로 할 수 있는 일을 알아보자며
일곱 번째 수업을 시작했다.

복제로 할 수 있는 일 1

이제 어느 정도 복제에 대해 알게 되었나요? 내가 처음으로 돌리를 만들 때만 해도 과연 복제가 가능할 것인지 의심하는 사람들도 많았지만, 다른 과학자들이 돼지, 소, 쥐 등 여러 동물의 복제에 성공하면서 이런 의심은 줄어들게 되었습니다.

물론 지금의 복제 기술이 완전한 것은 아닙니다. 아직까지 성공률도 낮고 여러 가지 문제점도 나타나고 있지요. 하지만

복제 기술이 더욱 발달하면 예전에는 불가능한 것으로 생각되었던 여러 가지 일을 할 수 있게 된답니다.

오늘은 복제로 할 수 있는 여러 가지 일들에 대해 살펴볼 거예요.

물론 아직까지의 과학 기술로는 불가능한 것들도 있답니다. 하지만 불과 얼마 전까지도 복제가 불가능하다고 했던 걸 생각한다면, 지금은 불가능한 일이라도 언젠가는 가능해질지도 모른답니다.

몇 년 전 공룡을 소재로 다루었던 영화 〈쥐라기 공원〉을 본 적이 있나요? 이 영화는 멸종된 공룡을 복제하여 공룡 공원을 만들려고 하다가 기계 장치의 고장으로 공룡들이 탈출하게 되면서 사람들이 위험에 처하는 내용입니다.

이 영화에서는 멸종된 공룡을 복제하기 위해 공룡이 살았던 당시의 모기를 이용했습니다.

이 모기는 공룡의 피를 빤 뒤 송진에 갇힙니다. 송진이 모

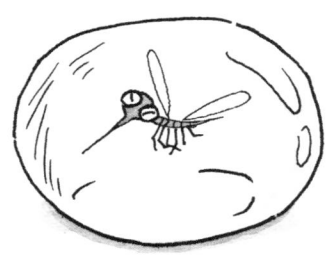

기를 둘러싸 공기를 차단했기 때문에 모기가 썩지 않고 오랜 시간을 보낼 수 있었습니다.

현대의 과학자들이 모기 피를 뽑아내어 그 속에 들어 있는 공룡 DNA를 찾아내 복제한 다음, 핵이 없는 난자에 넣어 공룡을 부활시킵니다.

하지만 오늘날 공룡이 다시 나타나는 것이 가능할까요? 아직까지 그 가능성은 높아 보이지 않는군요.

어떤 문제가 있기 때문일까요?

＿ 너무 오랜 옛날이라 DNA가 변했을 것 같아요.

＿ 모기에게서 얻은 DNA의 양이 너무 작을 것 같아요.

네, 여러 가지 이유를 생각해 볼 수 있습니다. 우리가 지금까지 했던 복제 실험은 살아 있는 동물을 대상으로 한 것입니다. DNA 자체에 이상이 없어야 하는데 공룡은 몇 억 년 전에

살았던 생물이니 DNA가 온전하지 못할 가능성이 높습니다. 또한, 그 모기가 공룡의 피를 빨아 먹었는지, 그리고 한 공룡의 피만 빨아 먹었는지도 알 수 없습니다. 여러 동물의 피가 뒤섞여 있으면 순수한 공룡의 피만 뽑아내기는 어렵겠지요.

하지만 영화에서와 같이 멸종된 생물을 다시 살린다는 계획은 현재 과학자들이 연구하고 있는 일이랍니다. 대상은 매머드와 태즈메이니아호랑이라고 불리는 동물입니다.

매머드는 코끼리의 조상형으로 약 1만 년 전에 멸종된 동물입니다. 매머드가 살았던 당시는 빙하기로, 아주 추운 시기였습니다. 그래서 종종 알래스카와 같이 추운 지역에서는 얼음 속에 거의 온전한 형태로 들어 있는 매머드가 발견됩니다. 기록에 의하면 얼음이 녹은 부분은 알래스카에 사는 개들이 먹었다고 하니 옛날에 죽은 동물임에도 불구하고 추운 날씨 때문에 상하지 않고 보존되었음을 알 수 있습니다.

일본 과학자들은 매머드를 복원하기 위해 빙하에 묻힌 매머드의 세포를 떼어내어 핵을 빼낸 다음, 매머드와 가장 가까운 친척인 인도코끼리를 대리모로 이용하여 매머드를 태어나게 하려는 연구를 하고 있습니다. 일본 과학자들은 앞으로 50년 안에 진짜 매머드와 88% 정도 비슷한 동물을 만들 수 있을 것으로 생각하고 있습니다.

핵

인도코끼리의 난자

매머드 새끼

코끼리 대리모

태즈메이니아 호랑이는 호주에 살았던 동물로, 1930년대에 멸종되었습니다. 호랑이라는 이름과는 달리 실제로는 늑대와 비슷하게 생겼는데 털가죽의 무늬가 호랑이를 닮아 붙인 이름이라고 합니다.

호주 과학자들이 태즈메이니아 호랑이를 복제하기 위해 1866년에 표본으로 만들어져 알코올에 보관된 태즈메이니아

보관을 잘했어야지!

호랑이 새끼를 이용해 복원하려고 하나 어려움이 많다고 합니다. 아무래도 알코올에 보관되었던 것이라 세포 안에 들어 있는 DNA가 온전한 상태인 것이 거의 드물기 때문입니다.

지금까지의 연구들이 이미 멸종된 동물을 복제하려는 것이기 때문에 성공 가능성이 낮은 것에 비해, 현재 멸종 위기에 처한 동물을 복제하려는 연구는 성공 가능성이 높은 편입니다. 미국에서는 노아의 방주 프로젝트를 진행하고 있습니다. 노아는 구약성경 창세기에 나오는 인물로 대홍수가 닥칠 때 큰 배를 만들어 모든 생물 한 쌍을 방주에 태워 멸종을 막았다고 합니다.

과학자들은 멸종 위기 종인 동물들의 정자와 난자, 체세포를 냉동 보관하여 혹시라도 멸종될 경우 복제하려고 합니다. 이 프로젝트에는 인도산 들소, 아프리카 봉고영양, 수마트라 호랑이, 판다가 목록에 올라 있습니다.

중국에서는 자이언트판다를 복제하려고 합니다. 자이언트판다는 중국을 대표하는 동물로 멸종 위기 종입니다. 성격이 예민해 번식이 어렵기 때문에 전 세계에 1,000마리 미만으로 남아 있다고 합니다. 이에 중국에서는 아메리카흑곰을 대리모로 하여 복제하려는 연구를 하고 있습니다.

복제된 판다.

자이언트판다의 체세포＋난자 → 흑곰 대리모

한국의 경우 1990년대 말부터 백두산 호랑이를 복제하기 위한 연구를 하였습니다. 백두산 호랑이는 남한에서는 거의 멸종된 것으로 추정되는 동물입니다. 백두산 호랑이의 복제 과정은 다음과 같습니다.

하지만 이 실험은 실패로 끝나고 말았습니다. 무사히 복제

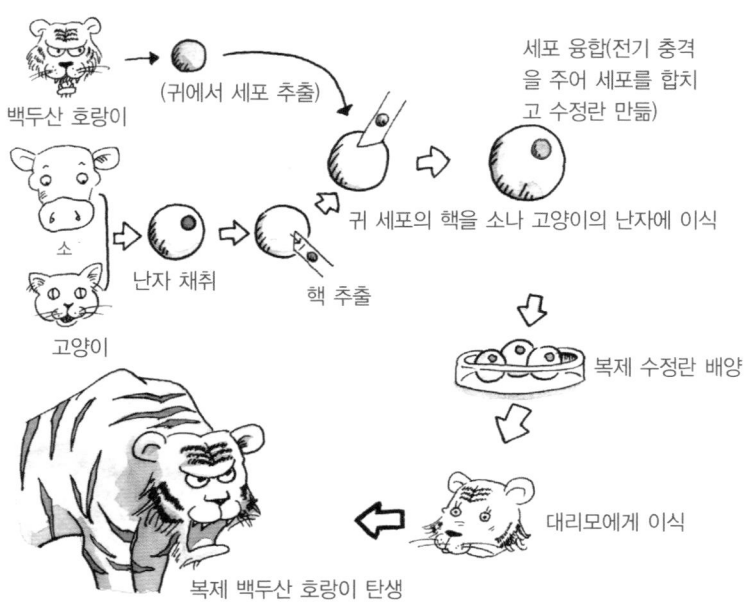

백두산 호랑이 → (귀에서 세포 추출) → 세포 융합(전기 충격을 주어 세포를 합치고 수정란 만듦)

소 → 난자 채취 → 핵 추출 → 귀 세포의 핵을 소나 고양이의 난자에 이식

고양이

복제 수정란 배양

대리모에게 이식

복제 백두산 호랑이 탄생

멸종 위기 종인 호랑이

자연 상태의 호랑이는 심각한 멸종 위기에 몰려 있다. 세계자연보호기금(WWF)은 최근 8종의 호랑이가 자연 상태에서 거의 멸종됐다고 발표했다. 1960년대 발리 호랑이, 1990년대 카스피 호랑이, 자바 호랑이가 차례로 멸종됐고, 시베리아 호랑이 등 나머지 5종도 사실상 멸종 상태로 파악된다. 현재는 극소수의 보호 구역에서 7,000여 마리가 사는 것으로 집계될 뿐이다.

가 되어 대리모에게 이식하였지만, 태어나기 전에 유산되고 말았답니다.

하지만 복제 기술이 더욱 발달하면 성공할 가능성은 높습니다.

지금까지와 같은 계획이 성공한다면 앞으로 몇 십 년 이내에 멸종된 동물들만 모여 있는 복제 동물원이 생길지도 모릅니다. 기대되지 않나요?

복제로 할 수 있는 일 2

이번에는 좀 더 인간의 생활과 밀접한 관련이 있는 응용 분야에 대해 공부해 보기로 해요.

사람들이 농사를 짓고, 가축을 기르기 시작하면서 어떻게 하면 좀 더 우수한 품종을 얻을 수 있을까 연구한 것이 생명공학의 시작이라고 할 수 있습니다. 우수한 품종끼리 교배시켜 새로운 품종을 얻는 방법을 쓰는 것이 일반적이지만, 복제를 이용하면 우수한 형질을 가진 품종을 대량으로 만들 수 있습니다.

또 복제 기술을 이용하면 인간에게 필요한 약품이나 영양분을 만드는 동물을 만들 수도 있습니다. 사람을 위협하는 병 중에서 혈우병이라는 것이 있습니다. 대부분의 사람들은

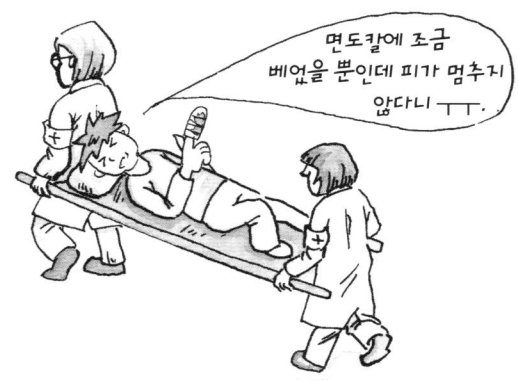

다쳐서 피가 나게 되었을 때 어느 정도 시간이 지나면 피가 굳어 저절로 멈추게 됩니다. 이는 사람의 몸에 피를 굳게 하는 단백질이 있기 때문입니다. 그런데 혈우병에 걸린 사람들은 피를 굳게 하는 단백질이 만들어지지 않습니다. 왜냐하면 이 단백질을 만들어 내는 유전자에 문제가 있기 때문입니다. 따라서 혈우병에 걸린 사람들은 매우 조심해야 합니다. 조금이라도 상처를 입을 경우 피가 멈추지 않아 죽을 수도 있기 때문입니다.

이런 경우 피를 굳게 하는 단백질을 만드는 사람의 유전자를 복제한 다음, 이 유전자를 양의 수정란에 넣어 새로운 양이 태어나게 하면 이 양이 자라서 피를 응고시키는 단백질이 들어 있는 우유를 만들어 내게 됩니다. 실제로 나는 돌리를 만든 후 혈우병 치료제 유전자가 들어 있는 복제양 폴리를 만

피를 굳게 하는
유전자   양의 수정란   대리모 양

복제양 폴리

드는 데 성공했답니다.

한국에서 만들어진 복제 염소 메디는 젖에서 백혈병 치료제를 만들어 내고 복제 젖소 보람이는 락토페린을 만들어 냅니다. 락토페린은 항생제와 분유 첨가제 등으로 사용되는데, 이처럼 복제 동물을 이용하면 약품의 생산량이 많아져 값싸게 대량 생산할 수 있는 장점이 있습니다.

복제 동물이 의료용으로 사용되는 또 다른 분야로는 장기 이식이 있습니다. 사람의 장기는 한번 손상되면 제 역할을 다하지 못합니다. 이럴 경우 장기 이식을 받아야 하는데, 장기 이식이 가능한 기관은 신장, 심장, 간, 폐, 각막 등이 있습니다. 하지만 장기 이식을 기다리는 환자들이 많은 데 비해 실제 이식할 수 있는 장기는 한정되어 있습니다. 뇌사자의 장기를

이식받아야 하는데 수가 부족할 뿐만 아니라 건강한 장기인지도 알아보아야 하고, 재빨리 수술할 수도 있어야 합니다.

하지만 이것 말고도 다른 문제가 있습니다. 우리 몸에 세균이 들어오면 혈액 속의 백혈구가 이 세균을 파괴합니다. 이와 마찬가지로 다른 사람의 장기를 이식하게 되면 백혈구는 외부의 것으로 생각하고 장기를 공격합니다. 따라서 수술하기 전에 이식받을 장기가 내 몸의 조직과 비슷한지 알아보아야 하는데, 내 조직과 비슷한 조직을 찾는 것은 매우 어렵습니다.

이렇게 장기가 부족하다 보니 장기 밀매 조직이 등장해 불법적으로 돈을 받고 장기를 거래하는 등의 문제가 나타나기도 합니다.

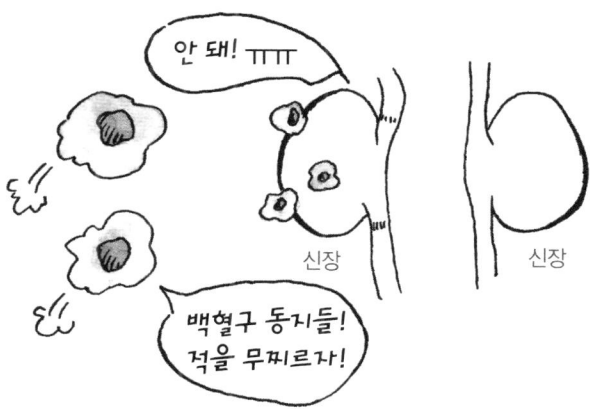

　최근에는 동물의 장기를 이용하는 연구가 이루어지고 있습니다. 장기 이식용 동물로 과학자들이 주목하는 것은 돼지입니다. 돼지는 장기의 크기나 역할 등이 사람과 비슷하며, 한 번에 많은 새끼를 낳기 때문에 많은 수의 장기를 얻을 수 있습니다. 그러나 돼지 장기를 이식하는 데 있어서 가장 큰 문제는 역시 사람의 조직과 돼지의 조직이 다르기 때문에 우리 몸의 백혈구가 돼지 장기를 공격할 가능성이 있다는 점입니다.

　이 문제를 해결하는 데에도 복제 기술을 이용할 수 있습니다. 돼지의 수정란에 백혈구가 공격하지 못하도록 하는 사람의 유전자를 넣으면 사람의 몸에 이식해도 이상이 없는 장기를 만들어 낼 수 있답니다.

　아직까지 이러한 일들은 연구 단계입니다. 그러나 실제로 실현될 수 있다면 앞으로 인간의 생활은 더욱 나아질 수 있습니다.

복제 기술을 이용하면 다음과 같은 일을 할 수 있습니다.

- 멸종된 동물 또는 멸종 위기 종의 동물을 복제할 수 있다.
- 우수한 형질을 가진 동물을 대량으로 만들 수 있다.
- 인간에게 유용한 물질을 생산하는 동물을 만들 수 있다.
- 인간에게 장기 이식을 할 수 있는 장기를 가진 동물을 만들 수 있다.

선생님, 저 영화에서처럼 이미 멸종한 공룡을 복제해서 되살리는 게 실제로 가능한가요?

가능하려면 DNA 자체에 이상이 없어야 하는데, 수억 년 전에 살았던 공룡은 DNA가 온전치 못할 수 있어요.

하지만 영화에서와 같이 멸종된 생물 중에서 매머드와 태즈메이니아호랑이는 현재 복원을 연구하는 중이에요.

매머드는 코끼리의 조상으로 약 1만 년 전 빙하기 때 멸종한 동물이잖아요.

맞아요. 그런데 알래스카와 같이 추운 지역에서는 얼음 속에 거의 온전한 형태로 매머드가 종종 발견되지요.

그렇군요.

매머드

태즈메이니아 호랑이

과학자들은 빙하에 묻힌 매머드의 세포에서 핵을 빼낸 다음 인도코끼리를 대리모로 해서 매머드를 태어나게 하려는 연구를 하고 있지요.

인도코끼리

그렇군요. 그런데 태즈메이니아호랑이는 처음 들어보는데요.

태즈메이니아호랑이는 호주에 살았던 동물로 이름과는 달리 실제로는 늑대와 비슷한데 1930년대에 멸종되었지요.

멸종된 지 벌써 몇 십 년 되었네요.

1866년에 표본으로 만든 태즈메이니아호랑이 새끼를 이용해 복원하려고 했지만, 알코올에 보관되었던 것이라 DNA가 온전한 것이 드물어 어려움을 겪고 있어요.

많이 안타깝네요.

8

복제 인간을
만들 수 있어요

복제 배아를 이용하여 복제 인간을 만드는 방법에 대해 알아봅시다.
또, 복제 인간을 반대하는 이유도 알아봅시다.

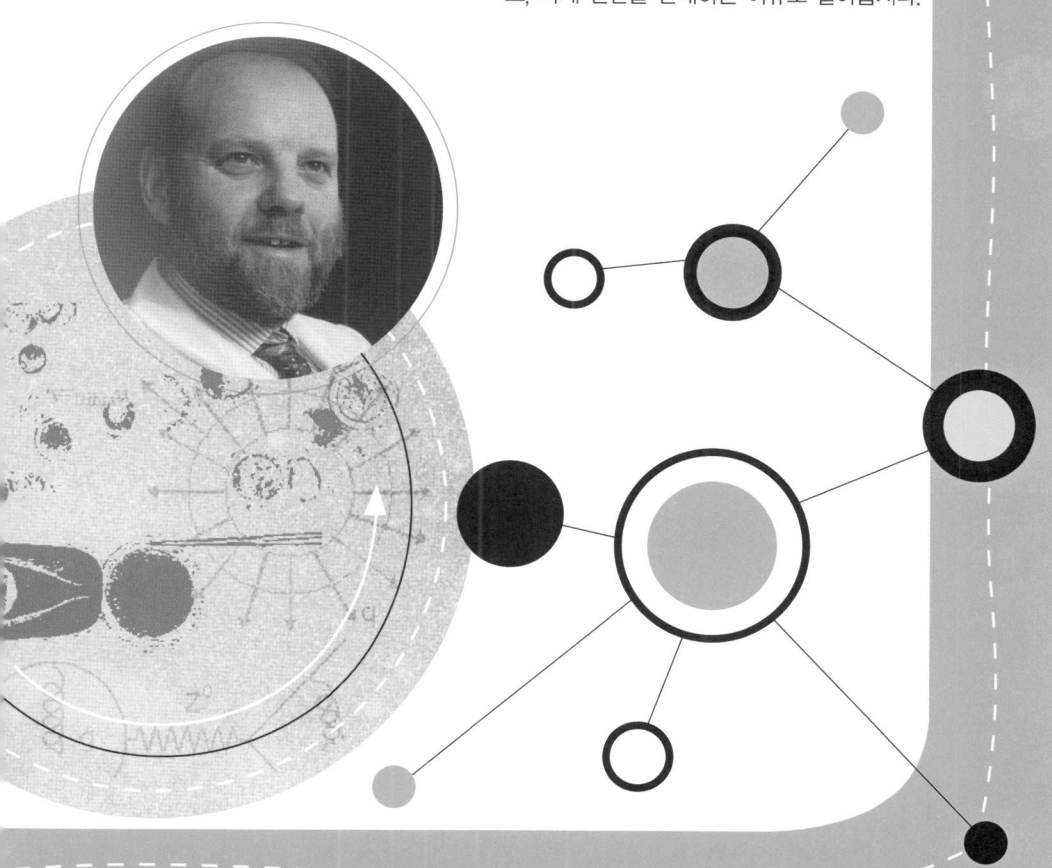

복제 인간을
만들 수 있어요

월머트가 복제 인간에 대한 주제로
여덟 번째 수업을 시작했다.

오늘은 조금 조심스러운 주제를 다루게 되었네요. 바로 복제 인간에 대한 이야기입니다.

복제 인간에 관한 이야기는 많은 영화나 소설 속에 등장하고 있습니다. 영화나 소설 속의 복제 인간은 대부분 자신이 누구인지에 대해 고민하고, 누가 원본이고 누가 복제본인지 혼란스러워하는 등의 모습을 보여 줍니다. 지금까지는 상상 속의 이야기라고 생각했지만, 앞으로는 복제 인간이 나타날 가능성이 전보다 훨씬 높아져 버렸습니다.

사실 돌리가 만들어지기 전까지는 인간 복제가 가능할 것

이라고는 생각하지 않았습니다. 그러나 돌리가 만들어진 후 소나 원숭이 등 다른 동물들의 복제도 성공함에 따라 인간 복제도 가능한 것이 아니냐는 의견들이 나오게 되었습니다. 하지만 인간 복제는 윤리적으로 문제가 크기 때문에 반대하는 여론이 높습니다.

복제 인간을 만들겠다는 과학자들이 계속 나오고 있습니다. 어느 정도는 명성과 부를 얻기 위한 목적도 들어 있는 것 같습니다. 어쨌든 과학자의 연구도 중요하지만, 사회적으로 합의된 의견을 모으는 과정이 필요하다고 생각합니다.

인간 복제와 관련해서 나오는 이야기가 줄기세포에 관한 것입니다. 앞에서 수정란의 세포는 우리 몸의 어떤 기관도

과학자의 비밀노트

클로네이드 사가 만든 복제 인간 발표

2002년 12월 최초의 복제 인간이 탄생했다는 소식이 들렸다. 미국의 종교 단체인 라엘리안 무브먼트에 속한 회사인 클로네이드 사에서 복제 방법으로 임신된 여자 아이가 태어났으며, 이름은 이브라고 발표했다. 라엘리안 무브먼트는 외계인이 인류의 기원이라고 믿는 종교 단체로, 복제를 통해 영원한 생명을 얻을 수 있다고 주장하며 인간 복제 연구를 하고 있다. 하지만 이 아이의 얼굴이 공개되지 않고, 복제 인간인지 증명할 수 있는 DNA 자료(DNA 지문)도 발표하지 않았기 때문에 근거가 없는 것으로 판단된다.

만들 수 있는 유전 정보를 가지고 있지만, 발생이 진행되면서 어느 한 기관으로 운명이 정해지면 더 이상 다른 역할은 하지 못한다는 이야기를 하였습니다.

줄기세포는 배아나 성체 세포에서 얻을 수 있는 만능 세포로, 일반 세포와는 달리 어떤 조직으로든 만들어질 수 있기 때문에 당뇨병, 치매와 같은 난치병을 치료하거나 손상된 장기를 대신할 부작용이 없는 새로운 장기를 만들거나 하는 등의 일을 할 수 있습니다. 줄기세포를 만드는 방법에는 여러 가지가 있지만 인간 복제와 연관이 되는 것은 복제 배아 줄기세포입니다.

복제 배아를 이용해 줄기세포를 만드는 방법은 돌리를 만드는 것과 비슷하지만, 약간의 차이가 있습니다.

체세포에서 핵을 빼내고, 난자에서도 핵을 빼내는 것은 둘 다 같습니다. 다만 난자에서 핵을 빼내는 방법이 조금 다릅니다. 돌리를 만들 때 양의 난자에서 핵을 뺄 때에는 아주 작은 유리관을 찔러 핵을 빼냈습니다. 그런데 사람의 난자는 양의 난자와는 달리 표면이 매우 끈적거려 유리관을 찌르면 유리관과 난자가 달라붙거나 터지기 때문에, 난자의 표면에 핵이 빠져나올 수 있는 크기로 구멍을 뚫어서 살짝 눌러 주어 핵이 빠져나오게 합니다.

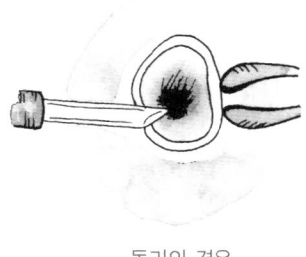
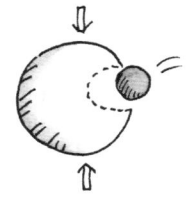

돌리의 경우　　　　　　　　　　사람의 경우

　핵을 뽑아낸 난자에 체세포에서 뽑아낸 핵을 넣은 다음, 전기 충격을 주어 난자와 체세포 핵이 합쳐지게 합니다. 이렇게 만들어진 수정란을 특수한 배양액에 넣어 키웁니다. 이때 돌리를 만들 때와 사람의 배아를 만들 때의 배양액의 종류가 다릅니다.

　이것을 줄기세포로 만들면 나와 같은 유전 정보를 가진 세포나 장기를 만들 수 있는 것이고, 대리모의 몸속에 넣어 주면 나와 똑같은 유전 형질을 가진 복제 인간이 탄생하는 것입니다. 복제 인간을 만드는 방법은 오른쪽 페이지의 그림에 나와 있습니다.

　복제 인간을 만드는 것이 어느 정도 가능성이 있어 보이자 사람들은 복제 인간에 대해 여러 가지 오해를 가지게 되었습니다. 대표적인 것이 복제 인간은 핵을 제공한 원래 사람의 성격이나 재능을 그대로 물려받았을 것이라는 믿음입니다.

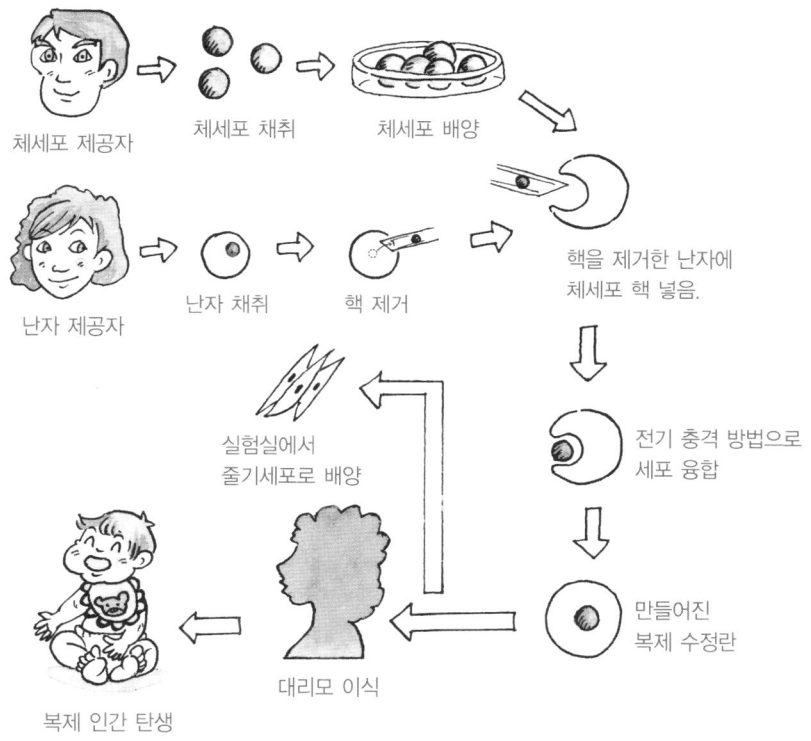

체세포 제공자 · 체세포 채취 · 체세포 배양

난자 제공자 · 난자 채취 · 핵 제거

핵을 제거한 난자에
체세포 핵 넣음.

전기 충격 방법으로
세포 융합

만들어진
복제 수정란

실험실에서
줄기세포로 배양

대리모 이식

복제 인간 탄생

예를 들어 히틀러와 같은 독재자를 복제하면 세계 대전을 일으킬 것이고, 아인슈타인을 복제하면 뛰어난 물리학자가 될 것이라는 것 등입니다. 그런데 정말 그럴까요?

그렇지 않습니다. 유전적으로 보았을 때 원래의 사람과 복제 인간은 시간 차이를 두고 태어난 일란성 쌍둥이입니다. 일란성 쌍둥이는 같은 유전 정보를 가진다는 것을 기억하고

있지요? 일란성 쌍둥이가 모든 점에 있어서 같은가요? 그렇지는 않습니다. 자세히 뜯어보면 생김새도 조금 다르고, 성격이나 성적, 직업 등도 다릅니다.

한 사람을 결정하는 것은 유전자의 영향도 있지만 환경의 영향도 큽니다. 두 일란성 쌍둥이가 각각 다른 환경에서 자란다면 커서는 같은 점을 거의 찾아볼 수 없을지도 모릅니다. 따라서 독재자나 위대한 학자의 복제 인간을 만들었다 하더라도 똑같은 성격으로 자라지는 않는답니다.

그렇다면 복제 인간을 만드는 것이 뭐가 문제일까요? 복제 인간을 반대하는 이유는 여러 가지가 있습니다.

첫째, 윤리적인 문제가 있습니다. 복제 인간이 태어난 방법이 자연의 법칙을 거스르는 것이라는 점입니다. 정자와 난자

인간 복제 과학자

가 만나 수정란이 되어 태어난 것이 아닌 체세포 복제를 통해 태어난 복제 인간을 과연 인간으로 볼 수 있을까요? 또, 인간이 하나의 생명을 만들어 내는 것을 허락할 수 있을까요? 이러한 문제 때문에 종교계에서는 인간 복제를 반대하고 있습니다.

둘째, 기술적인 문제가 있습니다. 아직까지 복제 기술은 불완전합니다. 인간 복제를 연구하기 위해 얼마나 많은 실패가 있을지 모릅니다. 또한, 복제 연구를 하기 위해서는 많은 수의 난자를 필요로 합니다. 아직까지 성공률이 낮기 때문이지요. 하지만 여성의 난자는 몸에서 한 달에 1개씩만 얻을 수 있습니다. 따라서 연구에 들어가는 난자를 얻기 위해서는 돌리를 만들 때 양에게 호르몬 주사를 놓았던 것과 마찬가지로 해

난자를 만들기 위해 호르몬 주사를 너무 많이 맞았더니 몸이 망가졌어.

야 하는데, 이것이 여성의 몸에 해가 되기 때문입니다. 또한, 복제 인간이 만들어진다 할지라도 어떤 부작용이 나타날지 모릅니다. 심각한 기형이라도 생긴다면 큰 문제가 되겠지요.

셋째, 법률적인 문제가 있습니다. 모든 사람들은 태어나는 동시에 가족을 갖게 되는데, 복제 인간은 가족의 개념이 정확하지 않습니다. 예를 들어 나의 체세포를 이용해 복제 아기를 낳았을 경우 이 복제 아기는 나의 자식이 되는 걸까요, 형제가 되는 걸까요? 또 할머니, 할아버지와의 관계는 어떻게 될까요? 이분들이 진짜 부모님이 되는 것은 아닐까요? 또한 복제 기술이 일반적으로 사용된다면 전통적인 가족 개념인 엄마, 아빠, 자식이라는 것이 없어질지도 모릅니다. 내 체세포만 이용하면 남편이 없이도 자식을 만들 수 있으니까요.

　넷째, 인간 복제가 도덕적으로 옳지 않은 목적으로 악용될 수 있다는 점입니다. 죽은 가족이나 내가 좋아하는 유명 스타를 복제하고 싶어 할지도 모릅니다. 또한, 우수한 유전 형질을 가진 사람의 유전자를 이용해 좀 더 뛰어난 아이를 갖고자 하는 부모가 나올지도 모릅니다. 계속 자신을 복제해서 영원한 삶을 꿈꾸는 사람도 있을 수 있습니다. 무서운 생각이지만 많은 복제 인간을 만들어서 몸의 손상된 부분을 교체하는 기계 부품과 같은 용도로 사용하려고 할지도 모릅니다.

　마지막으로, 복제 인간 스스로 느낄 수 있는 문제들이 있습니다. 복제 인간은 자기가 누구인가에 대해 심각하게 고민할 수 있습니다. 과연 만들어진 내가 인간인가, 아니면 물건인가 하는 극단적인 고민을 할 수도 있겠지요. 또, 유전적으로는 같은 사람이지만 영혼은 전혀 다른 사람입니다. 죽은 자

식을 그리워하는 부모가 복제를 통해 똑같은 유전 형질을 가진 복제 인간을 만들어 냈다고 했을 때 실제 이 아이가 죽은 아이와 같은 인물일까요? 그것은 아닐 것입니다.

이제까지 너무 무서운 이야기만 했나요? 하지만 이런 일은 언젠가 실제로 일어날지도 모릅니다. 내가 돌리를 만들기 전까지만 해도 복제 동물이 나올 줄 상상이나 했었나요?

만화로 본문 읽기

선생님, 복제양 돌리 이후에 소나 원숭이 등 다른 동물의 복제도 성공했는데, 그럼 인간 복제도 가능한 것 아닌가요?

하지만 인간 복제는 아직 여러 가지로 반대하는 여론이 높답니다.

복제 인간을 반대하는 이유는 무엇인가요?

우선 윤리적인 문제가 있어요. 인간이 생명을 좌지우지할 수 있으므로 종교계에서는 인간 복제를 반대하고 있어요.

복제 반대!!

인간 복제 반대!!

두 번째는 어떤 문제인가요?

기술적인 문제이지요. 난자를 얻기 위해 호르몬 주사를 놓는데, 이것이 여성의 몸에 해가 되고, 복제 인간이 만들어져도 부작용이 나타날지 모른다는 점이지요.

호르몬 주사를 많이 맞았더니 몸이 이상해.

셋째는 법률적인 문제예요. 사람은 태어나는 동시에 가족을 갖게 되는데, 복제 인간은 가족의 개념이 정확하지 않아요. 체세포만 이용하면 남편 없이도 자식을 만들 수 있기 때문이지요.

그렇군요.

아빠는?

또 다른 이유도 있나요?

네. 인간 복제가 도덕적으로 옳지 않은 목적에 악용될 수 있다는 점이에요. 즉, 많은 복제 인간을 만들어 기계 부품처럼 사용할 수 있다는 점이죠.

마지막으로는 복제 인간 스스로 느낄 수 있는 문제들이 있어요. 그들은 유전적으로는 같은 사람이지만 영혼은 전혀 다른 사람이기 때문이죠.

복제 인간에 대해서 생각해 보니까 좀 무섭네요.

내가 죽은 형 대신 만들어졌나 봐?

9

복제의 문제점은 무엇일까요?

복제양 돌리를 만든 이후 나타난 복제의 문제점에는
어떤 것이 있는지 알아봅시다.

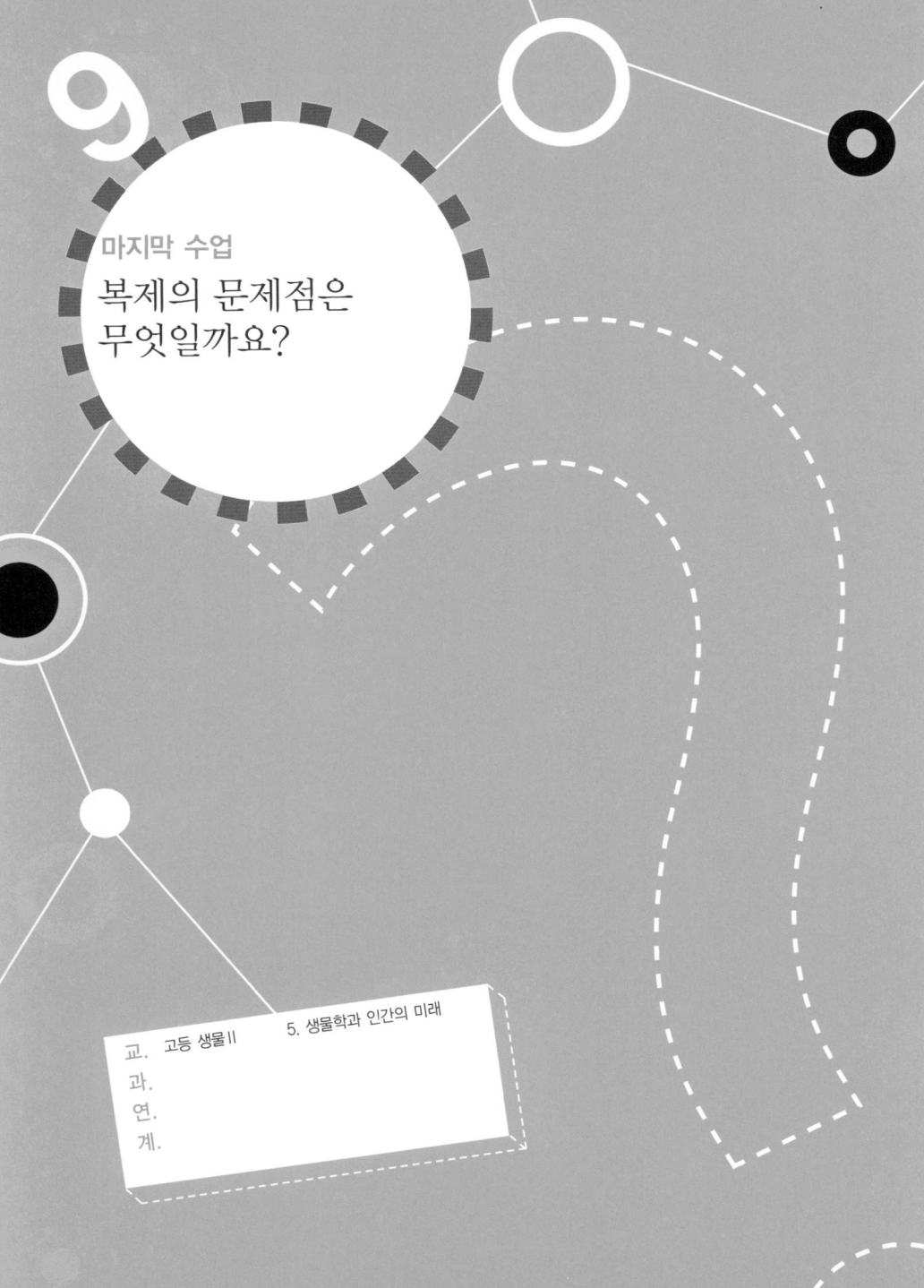

마지막 수업

복제의 문제점은
무엇일까요?

**윌머트가 아쉬워하는 표정으로
마지막 수업을 시작했다.**

어느새 마지막 수업입니다. 처음 수업을 시작한 것이 엊그제 같은데 벌써 마지막 수업이라니 아쉽네요. 오늘 수업의 주제는 복제의 문제점입니다.

사실 복제양 돌리를 만들어 내기 위해 많은 시행착오를 거쳤답니다. 277번의 시도 끝에 겨우 태어났으니 성공률은 $\frac{1}{277}$, 즉 약 0.004%밖에 되지 않습니다. 다른 과학자들의 실험도 이와 비슷한 결과가 나왔답니다. 하지만 이것보다 더 큰 문제가 있습니다.

돌리는 1997년에 태어났습니다. 일반적인 양의 수명은 약

12년입니다. 그렇다면 2009년까지는 살 수 있다는 것인데 그에 훨씬 못 미친 1999년에 죽고 말았습니다. 이게 어떻게 된 일일까요?

생물의 나이는 세포의 나이와 관련이 있습니다. 나이가 든다는 것은 곧 세포의 나이가 들었다는 것을 의미하니까요. 그런데 세포의 나이는 어떻게 알 수 있을까요? 겉으로 보아서는 알 수 없습니다. 세포 안을 들여다보아야 알 수 있지요. 세포의 나이를 알 수 있는 것은 염색체 끝 부분인 텔로미어의 길이를 보고 알 수 있답니다.

텔로미어가 무엇인지 자세히 설명할게요.

생물의 염색체 끝에는 텔로미어라는 부분이 있습니다. 그

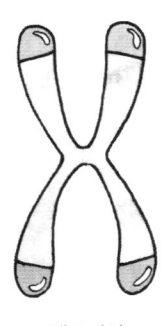

텔로미어

런데 텔로미어는 세포가 분열할 때마다 조금씩 짧아집니다. 따라서 텔로미어가 짧을수록 세포의 나이가 들었다는 것을 의미합니다. 만약에 텔로미어가 없어지게 되면 어떻게 될까요? 그때는 세포가 죽습니다. 이처럼 텔로미어는 세포의 나이를 알 수 있는 중요한 특징입니다.

나는 왜 일찍 돌리가 죽었는지 알아보기 위해 돌리의 염색체와 돌리와 비슷한 시기에 태어난 양의 염색체를 조사하였

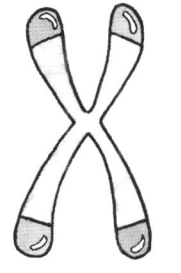 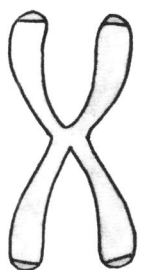

돌리와 같은 나이의 양 염색체　　　돌리의 염색체

습니다. 그랬더니 위의 그림과 같이 돌리의 텔로미어는 아주 짧은데 비해 같은 나이의 양의 텔로미어는 긴 것을 발견할 수 있었습니다.

왜 이런 결과가 나타났을까요?

그것은 돌리에게 체세포 핵을 준 어미 양의 나이 때문이었 습니다. 그때 당시 어미 양의 나이는 여섯 살이었습니다. 따 라서 어미 양의 체세포는 어느 정도 노화가 진행된 상태였습 니다. 죽을 당시 돌리의 나이는 실제로 아홉 살에 해당하는 것입니다. 실제로 돌리의 텔로미어와 아홉 살 양의 텔로미어 의 길이가 거의 비슷하게 나타났습니다.

이것은 큰 문제입니다. 복제한 동물의 나이가 태어날 때부 터 원본 동물의 나이와 같다는 것은 나이가 든 동물을 복제할 경우에는 오래 살지 못하고 죽는다는 것을 의미하기 때문입

니다. 또한, 돌리에게는 일찍 나이가 드는 조로 증세가 나타났습니다. 세 살밖에 되지 않았는데도 죽기 직전에는 비만, 관절염, 신경통 등과 같은 성인병에 시달렸습니다.

다른 과학자들의 연구 결과에서도 이와 비슷한 증세가 나타났습니다. 복제 기술의 성공률을 높여야 할 뿐만 아니라 일찍 노화되는 문제도 해결해야 하기 때문에 복제를 하는 것은 쉽지 않습니다.

또 다른 문제는 유산율이 높고 기형이 나타날 가능성이 높다는 것입니다. 수정란 상태까지 만들기도 어렵지만 어렵게 대리모의 자궁에 수정란을 넣어 주어도 새끼로 태어나는 것은 거의 드뭅니다. 또한, 무사히 태어난 복제 동물은 별다른 이유도 없이 태어난 지 며칠 만에 갑자기 죽거나 정상 체중보다 2배 이상 나가 오래 살지 못하는 증상이 나타나기도 합니

다. 또한, 팔, 다리, 심장, 폐와 같은 기관에 기형이 나타날 가능성이 높습니다.

또 다른 문제는 복제의 장점인 100% 똑같은 생물이 나오지 않을 수도 있다는 것입니다. 복제를 사업에 응용하는 방법 중 하나가 애완동물 복제입니다. 실제로 미국에서 애완동물을 복제해 주는 회사가 있다고 합니다. 애완용으로 많이 기르는 동물은 개와 고양이 등입니다.

다음의 고양이는 레인보우와 시시라는 유명한 고양이들입니다. 이 고양이들이 유명해진 것은 왼쪽의 원본 고양이 레인보우의 체세포를 이용해서

레인보우 시시

복제 고양이 시시를 만들었기 때문입니다.

이상한 점이 보이지 않나요?

__복제 고양이라면 원본 고양이와 같은 모습이어야 하는데 둘의 생김새가 달라요.

네, 원본 고양이인 레인보우의 털 색깔은 짙으나 복제 고양이의 털은 그렇지 않음을 알 수 있어요. 둘의 성격도 다르다고 해요. 레인보우는 무척 얌전한 데 비해 시시는 호기심도 많고 장난도 잘 친다고 해요.

왜 이런 결과가 나타나게 되었을까요? 비밀은 바로 난자에 숨어 있답니다. 난자에는 미토콘드리아라는 작은 세포 소기관이 있는데 여기에도 아주 작은 양이지만 DNA가 들어 있습니다. 핵에 들어 있는 DNA의 양에 비하면 1% 정도밖에 되지 않지만 그 차이가 이렇게 털 색깔이 다른 결과가 나왔답니

난자

나에게도 DNA가 있다고!

미토콘드리아

다. 시시를 만들 때 사용한 난자는 레인보우의 난자가 아닌 다른 고양이의 난자입니다. 따라서 두 고양이 사이에는 1%의 유전적인 차이가 존재하는 셈이지요. 이 1%의 차이가 어떻게 나타날지는 아무도 모릅니다. 또한, 레인보우와 시시는 자란 환경이 달랐기 때문에 성격도 달라질 수밖에 없었습니

과학자의 비밀노트

생명 복제의 역사

시기	내용
1952	브리그스와 킹, 개구리 복제, 발육에는 실패
1970	존 고든, 개구리 복제
1981	맥그라스와 솔터, 발생 단계 세포로 생쥐 복제
1986	빌라드슨, 발생 단계 세포로 면양 복제
1987	프라더, 발생 단계 세포로 소 복제
1988	스티브와 노블, 발생 단계 세포로 토끼 복제
1989	프라더, 발생 단계 세포로 돼지 복제
1996	울프, 발생 단계 세포로 원숭이 복제
1997	윌머트, 체세포로 복제양 돌리 탄생
2000	윌머트, 체세포로 유전자 조작 돼지 복제
2001	ACT, 체세포로 멸종위기 가우어 이종간 복제
2002	A&M대 연구팀, 체세포로 고양이 복제
2002	장 폴 르나르, 체세포로 토끼 복제
2003	고든 우즈, 체세포로 노새 복제

다. 성격은 환경의 영향을 많이 받으니까요.

　복제 기술을 이용해 할 수 있는 일 중에는 우수한 형질을 가진 동물을 복제한다는 것도 있었는데, 만일 이와 같은 일이 일어난다면, 좋은 형질을 가진 동물을 얻지 못하게 될지도 모릅니다.

이제 헤어질 시간이야. 실험을 위해 그만 돌아가 봐야 하거든. 그럼 마지막으로 복제의 문제점에 대해서 얘기해 줄게.

문제점?

응. 윌머트 박사님께서 돌리를 만들어 낼 때 성공률이 약 0.004%밖에 되질 않았는데, 다른 과학자들도 이와 비슷했다고 해. 현재 복제는 이렇게 성공률이 낮다는 것이 문제야. 물론 더 큰 문제도 있지만.

더 큰 문제점은 뭔데?

우선 텔로미어가 무엇인지를 알아야 해. 텔로미어란 생물의 염색체 끝에 있는 부분인데, 세포가 분열할 때마다 조금씩 짧아지거든. 그래서 텔로미어가 짧다는 것은 세포의 나이가 들었다는 것을 의미하는 거야.

아, 텔로미어로 세포의 나이를 알 수 있구나.

복제양 돌리도 다른 양보다 수명이 짧았는데, 그 이유를 조사했더니 다른 양에 비해 돌리의 세포는 텔로미어가 아주 짧았어. 돌리에게 체세포 핵을 준 어미 양이 당시 나이가 6세였었거든.

아, 알겠다! 복제한 동물의 나이가 태어날 때부터 원본 동물의 나이와 같다는 거구나.

그래, 그것은 큰 문제지. 나이 든 동물을 복제할 경우에는 오래 살지 못하고 죽는다는 것을 의미하니까. 따라서 복제 기술은 그 성공률을 높여야 할 뿐만 아니라 일찍 노화되는 문제도 해결해야 한다는 거야.

또 다른 문제는 유산율이 높고 기형이 나타날 가능성이 높다는 것과 복제의 장점인 100% 똑같은 생물이 나오지 않을 수도 있다는 문제점 등이 있어.

음, 아직 넘어야 할 산이 많구나.

복제양 돌리의 아버지
윌머트 Sir Ian Wilmut, 1944~

공상 과학 영화 등에서나 볼 수 있는 복제 인간이 현실에서도 가능할 수 있음을 보여 준 사람이 있습니다. 바로 복제 분야에서 가장 유명한 사람으로 손꼽히는 복제양 돌리를 만든 이언 윌머트 박사입니다.

월머트는 영국의 햄프턴 지방에서 태어난 생물학자입니다. 그는 고등학교 수학 선생님인 아버지가 근무하는 고등학교에 다니면서 자연 과학에 흥미를 느끼게 되었습니다. 1971년 케임브리지 대학의 다윈 칼리지에서 동물 유전 공학 분야 연구로 박사 학위를 받았으며, 1974년 스코틀랜드의 로슬린 연구소에 근무하면서 동물 복제 연구를 하였습니다.

1980년대 중반에 스틴 윌러드슨이 양의 배아 세포를 이용해 포유류 복제법을 연구한다는 소문을 듣고 더욱더 연구에 박차를 가하기 시작했습니다. 1990년, 복제 연구의 공동 연구원으로 키스 캠벨이 참여하면서 연구의 진전이 보이기 시작했습니다.

결국 1996년 다 자란 양의 젖샘 세포에서 핵을 추출하여 복제 양을 만드는 데 성공했습니다. 그 양의 이름을 유명한 가수인 '돌리 파턴'의 이름을 따서 돌리라는 이름을 붙였습니다. 포유류 최초의 복제 동물 성공은 전 세계에 커다란 반향을 일으켰습니다.

윌머트는 복제 연구 업적을 인정받아 2008년 기사 작위를 받았습니다. 2009년 현재 그는 에든버러 대학에서 루게릭병의 원인을 밝히는 연구를 하고 있습니다.

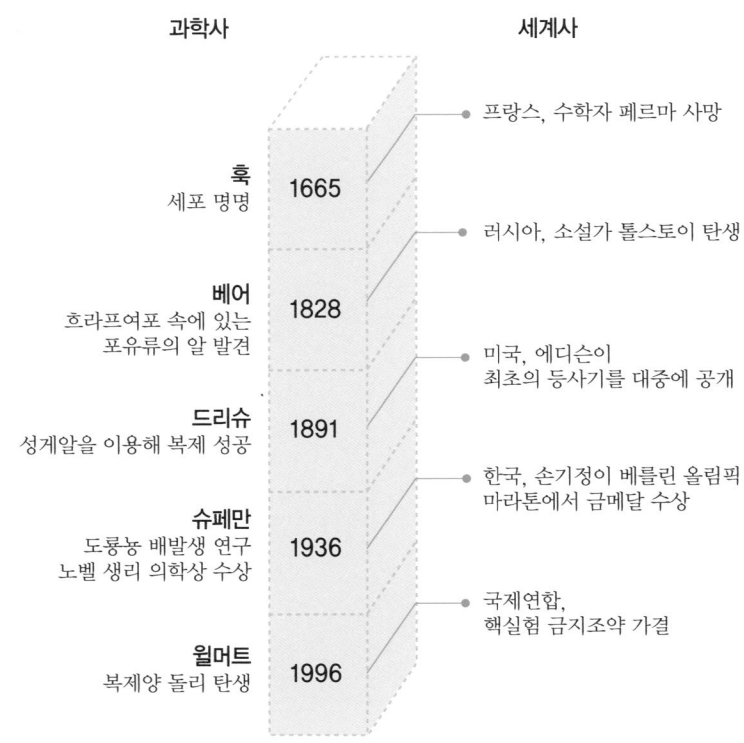

과 학 연 대 표
언제, 무슨 일이?

과학사

세계사

● 프랑스, 수학자 페르마 사망

훅
세포 명명

1665

● 러시아, 소설가 톨스토이 탄생

베어
흐라프여포 속에 있는
포유류의 알 발견

1828

● 미국, 에디슨이
최초의 등사기를 대중에 공개

드리슈
성게알을 이용해 복제 성공

1891

● 한국, 손기정이 베를린 올림픽
마라톤에서 금메달 수상

슈페만
도룡뇽 배발생 연구
노벨 생리 의학상 수상

1936

● 국제연합,
핵실험 금지조약 가결

월머트
복제양 돌리 탄생

1996

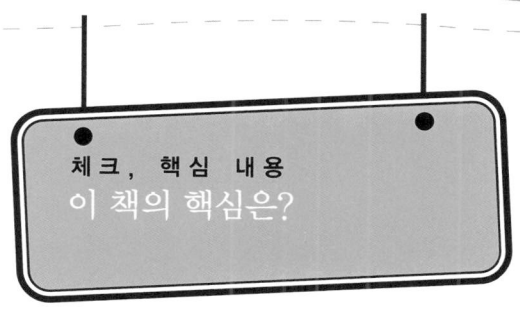

1. 생물의 유전 정보를 그대로 복제하여 만든 생물을 ☐☐ 이라고 합니다.
2. 씨로 번식하지 않고 식물의 일부분으로 번식하는 방법을 ☐☐ ☐☐ 이라고 합니다.
3. 정자와 난자가 만나 만들어진 수정란에는 몸을 이루기 위해 필요한 정보인 ☐☐ ☐☐ 가 들어 있습니다.
4. 돌리를 만들 때 체세포 핵과 난자를 결합하기 위해 ☐☐ ☐☐ 을 주었습니다.
5. 복제 기술을 이용하면 매머드나 공룡 등 이미 ☐☐ 된 동물을 복원할 수 있습니다.
6. 생물의 수명을 결정하는 부분은 염색체 끝부분인 ☐☐☐☐ 입니다.

1. 클론 2. 영양 생식 3. 유전 정보 4. 전기 충격 5. 멸종 6. 텔로미어

    인간 게놈 프로젝트란 무엇일까요? 이것은 인간의 유전 정보를 담고 있는 게놈을 구성하는 30억 쌍의 DNA 염기 서열을 밝히고자 하는 사업으로, 사람의 염기 서열을 1초에 하나씩 읽는다고 가정했을 때 무려 100년이나 걸리는 엄청난 프로젝트입니다. 인간 게놈은 슈퍼컴퓨터에 의해 2000년 6월에 처음으로 밝혀졌습니다.

    인간 게놈 프로젝트의 완성을 위해 세계 여러 나라의 과학자들이 참가하고, 30억 달러 이상의 예산이 들어갔습니다. 왜 이렇게 공을 들여 연구를 했을까요? 게놈 프로젝트를 통해 생물의 유전자 지도를 얻을 수 있는데, 이것으로 유전병이나 난치병 등 여러 가지 병을 일으키는 유전자의 종류와 위치를 알 수 있어 질병 치료에 도움이 되기 때문입니다.

    또 개인의 염기 서열을 조사함으로써 어떤 차이가 있는지 알아볼 수 있는 비교 유전체학의 발전에 도움을 줄 수 있습니다. 예를 들어, 장수하는 집안과 수명이 짧은 집안 사람들의 유전자 차이는 어떠한지 알아보는 연구를 통해 수명과 관계 있는 유전자를 찾을 수 있습니다. 또 같은 암 유전자를 가지고 있더라도 어떤 사람은 발병하고, 어떤 사람은 발병하지 않는지 그 원인을 찾아봄으로써 암 발생에 관한 메커니즘을 알아볼 수 있습니다. 또 반대로 특정 치료약에 대해 어떤 환자는 효과가 뛰어나고, 어떤 환자는 효과가 거의 없을 때 어떤 유전적 차이로 인해 이런 결과가 나타나는지를 연구함으로써 개인별 맞춤 치료약을 만들 수도 있습니다.

한편 게놈 프로젝트를 통해 다른 동물들의 유전자와 비교할 수도 있습니다. 침팬지, 생쥐 등의 동물들의 유전자를 비교함으로써 인간과 동물의 차이가 어디에서 나타나는지, 진화의 시기와 방향 등을 알아볼 수도 있습니다.

미래에는 주민 등록증이나 지문을 대신한 DNA 신분증으로 사용될 수도 있습니다. 영화에서처럼 피 한 방울만으로 개인의 모든 정보를 알아내어 개인 식별, 범죄 수사 등에 이용할 수 있습니다.